地名里的中国

《国家人文历史》编著

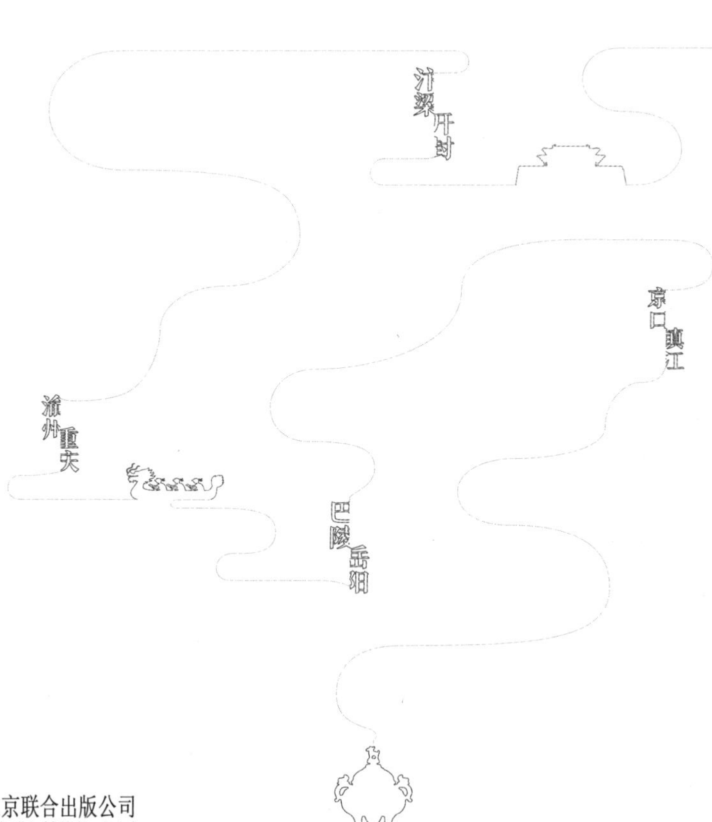

北京联合出版公司
Beijing United Publishing Co.,Ltd.

图书在版编目（CIP）数据

地名里的中国 /《国家人文历史》编著 . -- 北京 : 北京联合出版公司 , 2023.5（2024.9 重印）
ISBN 978-7-5596-6810-3

Ⅰ . ①地… Ⅱ . ①国… Ⅲ . ①地名—介绍—中国 Ⅳ . ① K92

中国国家版本馆 CIP 数据核字（2023）第 064912 号

地名里的中国
作　　者：《国家人文历史》
出 品 人：赵红仕
策　　划：张　缘
责任编辑：周　杨
封面设计：今亮后声
版式设计：张　敏
责任编审：赵　娜

北京联合出版公司出版
（北京市西城区德外大街 83 号楼 9 层　100088）
北京华景时代文化传媒有限公司发行
北京中科印刷有限公司印刷　　新华书店经销
字数 197 千字　　710 毫米 ×1000 毫米　　1/16　　23.5 印张
2023 年 5 月第 1 版　　2024 年 9 月第 8 次印刷
ISBN 978-7-5596-6810-3
定价：78.00 元

序言

地名，家和乡的名字。

对现代人来说，家乡的地名就好似自己的名字，耳熟能详，却鲜有留意。然而，当我们身处陌生都市，不经意在灯火阑珊处听到熟悉的家乡之名时，记忆便会在瞬间被唤醒，将自己带回千里之外的家乡，带回那片熟悉的土地。此时，家乡之名宛如神奇的咒语——在中国成千上万的地名中，它或许平淡无奇，但对每个人而言都是独特的存在。

诗云："维桑与梓，必恭敬止。"每个国人都深爱自己的家乡，而家乡之名背后的含义，也让所有人为之着迷。当我们翻开地图册，看到中华大地上星罗棋布的城镇，追溯这些地名的来历时，往往会感到吃惊：谁能想到，在这些看似千变万化的名字背后，居然蕴藏着丰富的传统文化以及深刻的哲学思想。这绝非夸张，今日中国3000余个县及县级以上的行政区之名，或来自山川地理，或上应天象星文，或源自历史事件，或化用古国之名，或沿用秦汉旧称，林林总总，不一而足。纵观这些地名，人们犹如翻开一部百科全书，看到其中书写的上下5000年的中华经济、政治、文化、社会和自然生态发展故事，领悟其中历朝历代的政治得失、成败兴衰以及社会发展规律。

乡土与家国、山川与人文、历史与现代，居然在小小的地名中有机地融合在一起，浓墨重彩地书写着中华文化，潜移默化地影响着中国人。此种奇妙的小名字大文化的现象，引发了我们浓厚的兴趣，由此诞生了《地名里的中国》。不过，我们着手之后才发现，其中的难度超乎预期。中国幅员辽阔，地名众多，来源纷纭复杂，要将其加以归类总结本来就是一项极为不易的工作，况且在此之上还有一些大家耳熟能详的地名，其来源说法不一，却又各自成理。比如天津，流行的说法是因朱棣靖难时由此渡河而得名，然而以中国古天文学中“天津星”而得名亦不无道理，个中分析、考辨工作繁难。在整理了全中国所有县级行政区划名称后，我们从人文的角度出发，按照地名得名的内在逻辑，大体按名山大川、矿产和动植物资源、历史事件和政治因素、人文地理、古代方国、军事边疆、祥瑞标识、红色记忆等分篇，最终归纳为三大部分：“山水之间：站在中国的大地上”“循善求美：认识中国的精神”“历史的拨动：变迁中的中国”。纪事者必提其要，纂言者必钩其玄，贪多务得，细大不捐，由此才能给所有读者奉献出这本书。

由于地名文化博大精深，《地名里的中国》不免有挂一漏万之嫌，但同当下同样题材的书籍相比，它做了一些微小的工作，取得了一些创新。首先，它在讲述地名时，是按照地名得名的内在历史、文化逻辑进行分类，而非简单地按地理信息进行区分，由此读者可以更清晰地看到，在小小的地名之上，反映出来的不仅仅是中华先祖的生活劳作，更反映出了他们深入骨髓的道德意识、审美偏好等最本源的文化要素。这种文化要素一以贯之，穿越千年流传至今，也在潜意识中影响、塑造着当今的中国人。正是通过地名，过去与现在、先人与今人相互交汇，形成一种中华文化的滔滔洪流。其次，《地名里的中国》不单单讲述地名，还从历史演化的角度分析了中国行政区划变迁、地名更迭的由来，让人跳脱出纵向的地名演化过程，将这些地名放到整个中国历史进程中去了解其大规模调整的时代背景，这样或许能帮助读者建立更为立体的历史通感，获得不一样的阅读感受。

编者

目录

第一部分　山水之间：站在中国的大地上

第二部分
循善求美：认识中国的精神

第三部分
历史的拨动：变迁中的中国

第一部分

山水之间

站在中国的大地上

仁者乐山

先民认知所处地域的鲜明地标

发生于7000万年前至300万年前的新生代喜马拉雅造山运动从根本上塑造了今日亚洲东部的地形，也为中华文明之形成与发展提供了最为根本的地质舞台。印度洋板块与欧亚板块碰撞并挤压，形成的喜马拉雅山与青藏高原，成为世界屋脊、亚洲水塔以及中国地形的第一阶梯，西南高、西北次之、中部再次之、东部低且近海，共同塑造了中国地形的三级阶梯。

在中国境内的三级阶梯上，山地、丘陵的面积更是高达663.6万平方千米，约占我国国土总面积的69.1%。屹立于平原、河谷、高原之上的高大山岳、低矮丘陵，自然也构成了华夏先民认知自身所处地域的巨大而鲜明的地标。随着华夏文明的演进，它们也被用来指称一座座城镇，并随着城镇的兴衰、区划的调整、政权的更迭，而逐步遗存到今日之中国地名当中。

三山五岳与五镇：华夏山岳崇拜的顶流名山

在中国传统文化中，历经5000余年甚至上万年信仰推崇的名山，无外乎三山、五岳与五镇。除了三山的传说过于古远难寻，五岳、五镇则随着以唐宋为首的中原王朝不断认证封禅而在中华大地上留下了深刻的“地名烙印”。

“三山五岳”原本可能只是华夏族群最初定居之地周边的群山。“三山”在秦汉以前往往指以昆仑山、不周山等为首的一众远古神山，在秦汉以后则随着秦皇汉武大力从事的求仙升仙活动而衍生出蓬莱、方丈、瀛洲的海上仙山追求，魏晋南北朝以后逐渐成熟的道教也把“三山”作为求道升仙的追求目标融入道教神话体系之中。由于春秋战国时期燕齐两国所处的山东半岛与河北平原是距离中原地区最近的海滨，海市蜃楼的频发促使燕齐诞生了大量求仙方士；方士与道教徒对于海上仙山的追求，自然就落实到了河北、山东的滨海之地。2020年撤市设区的山东省烟台市蓬莱区（原蓬莱县级市），便是因为海上仙山“蓬莱”而得名，方丈与瀛洲就没那么幸运了，都没能成为一个地名，这也使得“蓬莱”成为我国境内唯一因为文化信仰中虚构仙山而命名的“山名地名”。

五岳、五镇本来只是先秦时期各地邦国在自家境内祭祀的名山，比如嵩山就是夏禹、夏启部落联盟的祭祀神山；各邦国也会根据自身所在地域的实际去祭祀不同的高山。秦汉帝国的统一方才为华夏文化整体意义上五岳的成形奠定基础，而我们今日的五岳也不是一蹴而就的。东岳泰山、中岳嵩山、西岳华山自从汉宣帝确定后就再无变动。

蓬莱阁，坐落在山东省烟台市蓬莱区北濒海的丹崖山上，始建于北宋嘉祐六年（1061年），为我国四大名楼之一。“蓬莱”是我国境内唯一以文化信仰中虚构仙山命名的“山名地名”，秦始皇寻仙和八仙过海的故事也给当地蒙上一层神秘色彩，历来有人间仙境的美誉。

南岳在两汉魏晋南北朝时期其实一直是指安徽天柱山（古称霍山），天柱山也曾被称作“潜山”，所以它所处的县级市，如今仍旧被叫作“潜山”，到隋文帝时则下诏把南岳的名头给了如今的衡山。北岳在明清以前一直是指河北曲阳大茂山（古称恒山），恒山在汉代为了避汉文帝刘恒之讳，也被称为“常山”，所以东汉末年名将赵云的老家“常山”，其本质上就是指古北岳古恒山脚下的土地，也即今日河北省中部地区。直到明清时期才因为京师在北岳之北，而将北岳“迁移”到了今日之山西恒山。

东岳泰山脚下的泰安市、岱岳区、泰山区、新泰市，地名中的“泰”“岱”便分别是泰山的大名（泰山）与别称（岱岳）的体现，其中“新泰市”的“新”字则来自其境内的另一座山峰“新甫山”。这座“新甫山”之所以会被西晋羊祜选为地名，也是因为此山正是秦皇汉武封禅泰山时的离宫。西岳华山脚下的华阴市、华州区（原华县），中岳嵩山西侧的嵩县，南岳衡山脚下的南岳区、衡山县、衡阳市、衡东县、衡南县，自然均与东岳泰山相似，都是五岳崇拜在地名中的反映。相对而言，晚至清初才完成迁移的北岳恒山就很“无奈”了。由它影响的地名均曾出现于汉、魏、隋、唐、辽、元诸朝，以石家庄正定县为核心的冀中地区便是常山郡、恒山郡、恒州之所在，奈何明清以后便被镇州、真定所取代，也就没能传承至今日。

至于“五大镇山”，在唐以前其实只有“四镇”，北宋以后才把今日山西省霍州市的霍山（今名太岳山）列为中镇，其余四镇分别是北镇医巫闾山、东镇沂山、南镇会稽山、西镇吴山，地位低于五岳，

天柱山，位于安徽省安庆市潜山市，因其主峰如柱倚天而得名“天柱”，古称潜山。南岳在两汉魏晋南北朝时期一直是指天柱山，潜山市便得名于此。隋文帝时下诏将南岳名头给了如今的衡山。

唐摩崖石刻，位于泰山大观峰，其山脚下的泰安市就是这座高山在中华大地留下的地名烙印。

却又高于各地名山。它们的起源与五岳相同，均是被大一统王朝承认了的原地方山岳崇拜。除掉本质上是源自沂水的东镇沂山外，受五大镇山影响的地名，如今唯余北镇医巫闾山，辽宁省锦州市下辖的北镇市便是因镇山而得名。南镇会稽山原本是会稽郡的得名缘起，会稽一度在秦汉时期包括今天的浙江省、福建省大部分地域，魏晋南北朝时期逐渐缩小辖境，直到中唐时期被“越州”所取代，最终与“越州”一道，成为浙江省绍兴市的古称。

秦岭陇山与祁连：从中原山岳到北方天山

秦岭山脉是华夏文明腹地的高大山地之一。狭义上的秦岭仅仅指代关中平原与汉中盆地之间的高大山脉。如果我们从更广大的视域来看，就会发现秦岭余脉实质上既向东“伸向”河南的伏牛山、熊耳山，与桐柏山、大别山若即若离，也向西在甘肃境内与汉水、嘉陵江上游的群山相接，进而与青藏高原遥遥相望，是一座名副其实界分南北的高山。五岳中的西岳（华山）、中岳（嵩山）、前南岳（潜山），五镇中的西镇吴山，其实都是大秦岭的余脉。河南省平顶山市（伏牛山余脉平顶山）、鲁山县（伏牛山余脉鲁山），陕西省山阳县（秦岭之阳坡），本质上都是受到秦岭向东延伸余脉的山峰名在历史上与行政区划名的长期互相影响而形成的地名。

在秦岭主脉的周边，自然也有不少“以山为名”的地名，它们大多是秦岭余脉名称的直接反映。除了华、嵩二岳，还有以太白山为名的陕西省宝鸡市太白县、以武功山为名的陕西省咸阳市武功县、以陈

拜寺口双塔，位于宁夏回族自治区银川市贺兰县境内贺兰山脉附近，是迄今为止保存最为完整的西夏佛塔，双塔均高 13 层。魏晋南北朝时，贺兰族曾在此驻牧，故该山得名贺兰山，当地为贺兰县。

仓山为名的陕西省宝鸡市陈仓区。太白、武功、陈仓，在关中平原西部的渭河南岸依次分布，正是秦岭这一系列高山对八百里秦川最为直观且深刻的“景观影响”。

自宝鸡向西北前进，顺着千河（汧水）古道而上，河谷的西侧便是陇山（今六盘山南段），东侧则是岐山。“陇”通“垄”，“岐”通“崎”，陇山如同田垄一般屹立于秦川之上，岐山则崎岖不堪，“田垄”与“崎岖”均是古人对于山形地貌的常见概括。不过由于关中平原之于华夏文明的重要性，以及西周王朝崛起时“凤鸣岐山”的文化影响力，这才把陇山、岐山专门用在了关中西部。如今的陕西省陇县、岐山县便是对其境内陇山、岐山的“文化投射”。自陇山继续北上，便是道教名山——崆峒山，平凉市的崆峒区便因此而得名。崆峒之名，可能与此山洞穴较多有关。自崆峒山继续北进，就会进入宁夏回族自治区的地界。在该自治区的西部，有一座南北向分布的贺兰山，与宁夏北部的黄河平行，这里的贺兰山很可能是因为魏晋南北朝时期活跃于此的游牧族群贺兰部曾在此驻牧，山下的贺兰县，也便因此得名。匈奴、鲜卑人口中的“贺兰”，后来演变为蒙古语的“阿拉善”，意为“五彩斑斓之地”。

越过陇山、崆峒山、六盘山、贺兰山所形成的断断续续的地理界线，便是古代的“陇西”或“陇右”地区。如今的陇西县距离严格意义上的陇山山脉已有将近 150 千米的距离，这是因为历史上的陇西郡郡治就在今陇西县及其周边，一度囊括今日陇山以西的渭河上游、洮河流域以及西汉水上游谷地，把整个黄河与陇山之间都纳入了治下。然而地跨三个流域，自然难以实现有效治理，这就使得秦汉以后的“陇西”逐渐缩水，而且郡级行政区本身也大幅“贬值”，这才导致今日之陇西县形成了一个并不与陇山相邻的状态。古“陇西”的南界大致由岷山与今日之“川西”界分。岷山是青藏高原东缘群山与秦岭、大巴山诸脉交会处的一座大山。在岷山北部，洮河岸边的甘肃省定西市岷县便是因“岷山”而得名。自岷县东进，陇南市的宕昌县、徽县，也是因为各自境内的宕昌山、徽山而得名。岷县、宕昌县、徽县的群山，正是三国时期诸葛亮、姜维北伐与邓艾、钟会灭蜀的主要军事行动区域，也是魏晋南北朝时期，巴氐流民南下建立成汉、氐人杨氏建立仇池国的氐人活动区。群山并未挡住周边的族群，看似处于华夏腹心与青藏高原双重边缘的陇南川西山区，其实也是周边青藏高原、四川盆地、汉水流域、关中平原、陇西山地相互交流的交通中心。而这个“交通中心”的文化就是大山里的“羌文化”，岷、宕昌与徽，很可能都是来自古代羌语的音译。

自陇西西进，抵达黄河岸边，便是如今甘肃省省会兰州之所在了。兰州在汉魏南北朝时期称为“金城郡”，隋唐时期因其城南有座皋兰山而逐渐启用“兰州”之名。而皋兰山的名字，最初很有可能来自西汉军队到来之前的羌人或匈奴人，很可能就是“河”的意思。如今的蒙古语依旧把河流称为“郭勒”，便很有可能是对羌人或匈奴人语言中河流称谓的继承。所以，皋兰山本义或许就是“河流旁的大山”，入汉以后，被附会上了高岗、山岚、兰草之义。这一现象在兰州及其以西的整个西北地区其实都很常见。如果我们自兰州溯黄河而上，就能在甘肃省与青海省交界的地方，见到一个名唤“积石山保安族东乡族撒拉族自治县”的地方，它的名称便是源自祁连山的东南余脉——积石山。积石山及其所属祁连山脉，也构成了接下来青海省与甘肃省长达 1000 千米的天然界山。

如果我们再进一步越过黄河，来到在祁连山脚下自东南延伸向西北的河西走廊，就会在祁连山下这条雪山融水造就的绿洲走廊间看到大量用祁连山及其余脉名称命名的地名。“祁连”二字在古代北方游牧族群的语言中就是“天”的意思，它往往也被音译为“撑犁”“狄历”“敕勒”“腾格里”，所以祁连山如果意译过来，就是“天山”的意思，代表了草原游牧族群自古以来对于“天”的崇拜。而祁连山之所以一直被叫作祁连山，完全是因为汉武帝君臣的“强力认证”，这才把昆仑山、祁连山、天山三山的名号，从公元前 2 世纪末一直用到了今天。

祁连山处于甘肃省与青海省之间，山脉深处属于青海省海北藏族自治州的祁连县便是直接以祁连山为名，因为它恰好处于青海北出河西走廊的祁连山脉深处。张骞与隋炀帝当年进入河西走廊，便是通过如今的祁连县地界，抵达扁都口，直接进入张掖地区的民乐与山丹两县的。山丹县，本名删丹，因其境内有座删丹山而得名，王莽时期方才改名山丹。河西走廊地区的低海拔高山也多呈现丹霞地貌中的丹朱色，所以更名“山丹”倒也算是对当地地貌的一个如实反映。至于“删丹山”之本义，很有可能也是北方游牧族群语言词汇在汉代的音译，或许就是蒙古语里的“萨日朗”——一种火红的百合科草本植物，也被称为“山丹花”。

航拍下的青海省海北藏族自治州祁连县与牛心山。祁连县恰好处于青海北出河西走廊的祁连山脉深处，直接以祁连山为名。牛心山藏语称“阿咪东索”，意为“众山之神”，海拔4667米，位于祁连山东部，站在山上可俯瞰祁连县，一山尽览四季美景。

我们继续西进，就来到新疆维吾尔自治区。在这个绝大多数地名均来自边疆少数民族语言或汉代绿洲古国的省级政区，我们依然能够看到一些直接用汉语山名命名的政区。比如乌鲁木齐市的天山区，作为自治区党、政、军及新疆生产建设兵团机关所在地，天山区无疑是现代新疆的政治经济文化中心，而“天山”本身既是汉武帝以来中原王朝对于新疆中部高大山系的称呼，更是自匈奴以来的各大草原游牧族群进行“天山”崇拜的自然对象。从斯基泰人、匈奴人到鲜卑人、突厥人，再到回鹘人、蒙古人，在草原上笼盖四野的“长生天”，无疑是一个超越一切自然地貌的客观存在，而那些能够“峻极于天”的高大山系，自然会被视为接近天神的存在。处于东西草原丝绸之路正中间的天山，往东是孕育着东亚北部游牧族群的蒙古大草原，往西是孕育着欧亚内陆游牧族群的欧亚大草原，自然会成为“天山”信仰的中心。

太行燕山与东北：从表里山河到白山黑水

与秦陇到天山的西北一路对称，从中原地区的秦岭东段出发，越过黄河便是吕梁山与太行山、阴山与燕山、太行山与燕山、大小兴安岭与长白山各自围合的几大相对独立却又互相联系的地理单元。

山西省西部的吕梁市便是直接得名自其境内纵贯南北的吕梁山脉。吕梁山脉的范围要比吕梁市大一些，包括吕梁大部、忻州西部、临汾西部，雄踞山西省西半部，山西省的母亲河汾河穿行环绕于吕梁山脉的东侧。“吕”字本义为“脊骨”，“梁”也有屋顶梁架之义，

五台山塔院寺，高耸的大白塔是寺内的主要标志。该寺位于山西省五台县台怀镇。在山西省内，直接以太行山及其附属山峰命名的地名并不多见，除了五台山在区县级地名中“强势”影响了一个五台县以外，其余太行山区县的地名均与太行山及其各大附属山峰没有直接联系。

“吕梁”合在一起便是如同脊椎骨、房梁一般的山岳。从方位上看，华山在其右，泰山在其左，恒山为其靠，嵩山为其屏，衡山为其朝。吕梁的大“风水”也是极好，大禹当年凿开的龙门与汉武帝当年祭祀的后土，均在吕梁山之南侧，所以康熙时期的《永宁州志》才会称此山为“天地之骨脊”。吕梁多山，吕梁市所辖离石区、方山县、石楼县，以及忻州市所辖的岢岚县，同属吕梁山区，都是得名于其设县时县境周边的山名——离石山（今名赤洪岭）、方山、石楼山（位于石楼县东南，又名通天山）、岢岚山。其中的岢岚山，与“贺兰”发音相近，也可能是受到匈奴、鲜卑等北方游牧族群影响。

在郭兰英老师演唱的歌曲《人说山西好风光》里，“左手一指太行山，右手一指是吕梁”，堪称是对山西地形最为简略、生动且流传较广的概括。然而直接以太行山脉及其附属山峰命名的地名在山西省内却不多见，除了五座主峰形状像五座平台一般拱卫着佛教圣地的五台山，在区县级地名中“强势”影响了一个五台县以外，其余太行山区诸县的地名均与太行山及其各大附属山峰没有直接联系。

位于太行山东侧、成语之都与战国时期的赵国之都——邯郸，作为河北境内最南部的地级市，其地名便来自邯郸城周边的“甘山”或“邯山”，很可能就是今天的紫山或明山。由于“甘山”山石呈丹紫色，故名“甘丹”，久而久之写作“邯郸”。不过，“单”通“殚”，有尽头之意，所以“邯郸”也可能是指“邯山尽头处的城邑”，邯山正是太行山之余脉。

自邯郸北上，山西省省会太原与河北省省会石家庄之间的交通干道上，有一个井陉县。井陉本身是太行山八大通道（太行八陉）之一，其余七陉——军都、飞狐、蒲阴、滏口、白、太行、轵关，只有一个轵关陉以“轵城镇”的名头成为乡镇级地名，其余均作为古道留名史册。井陉则作为韩信背水一战的发生地，加上交通晋冀的历史地位与煤矿开采的近现代地位而始终作为县级地名留存至今。

沿太行山北上，就到了与太行山、阴山、燕山交会的冀西北地区。以 2022 年北京冬奥会的举办地张家口为中心，向西北前进便是阴山山脉直通大漠南部的河套平原、古代的敕勒川，向东北前进便是内蒙古大草原与东北山川之间的燕山北麓山林草场，向南而下便是太行山脉两侧的晋冀传统农耕区。在这三大影响中国历史地理格局的山系交会处，有一个在中华民族上古传说炎黄二帝时期便载入史册的地名——涿鹿。涿鹿县之名号来自其县境附近的涿鹿山，涿鹿山很可能就是炎黄二帝大战蚩尤的涿鹿古战场。从考古学上来看，中原的仰韶文化庙底沟类型、辽西的红山文化、山东的大汶口文化，以及之后的龙山文化，都在涿鹿县境内有所发现，虽然还不能确切对应哪个是炎帝、哪个是黄帝、哪个是蚩尤。

阴山南北地名多为蒙古语，其含义也多为色彩或山河，其中包头市的青山区便是因为阴山支脉大青山在其境内而得名。燕山南北之地名，也多有“因山为名”到区县级以上的情形，比如内蒙古自治区的赤峰市及其辖区红山区、元宝山区、松山区，无论赤峰还是红山，都是其境内赤红色山峰的指称，松山和元宝山也是因其境内山名而得名。值得一提的是，赤峰市的红山区正是前文提及的红山文化的首次发现地，而红山文化最为出名的一个玉器类型就是C形玉龙，也是我国最早的一批龙形文物之一。

在燕山南麓，还有一个以龙为名的县，叫卢龙县。卢龙的得名源自燕山南部山脉的古称——卢龙山，这也是一道与汉代卢龙塞、明代蓟镇长城一同延伸到山海关旁渤海湾的高大山脉。无论是辽金之前通往东北地区的山中卢龙道，还是辽金之后通往东北主干道的宁锦滨海走廊，都要经过卢龙山上的汉明长城。“卢”有“黑色”之意，五行中北方配玄色，玄即是黑，卢龙正是北方黑龙之雅称，与险峻挺拔的山势相配，也算是神来之笔了。

燕山南麓“因山为名”的区县还有北京市的密云区、石景山区、房山区，以及河北省的雄县、唐山市。它们分别是因为其各自境内或“隔壁”的云雾山（古密云山，在丰宁县境内）、石景山（古称石经山）、大房山（古称大防山）、大小雄山、大城山（古称唐山）而得名。它们与卢龙山均为地质史上侏罗纪末期、白垩纪初期发生的“燕山运动”影响下形成之燕山支属余脉，共同拱卫着金元明清以来的首都北京。

自燕赵大地出山海关进入白山黑水之间的东北大地，黑龙江省、吉林省、辽宁省以及内蒙古自治区东部地区被大兴安岭、长白山及黑龙江所围合的区域内，自然也少不了受山岳影响的地名。由于东北地区处于游牧及渔猎族群活跃的区域，以工农业为主的城镇发展迟至近现代方才兴起，所以东北地区的山岳地名都比较晚近，且相对直白、通俗易懂。

黑龙江省境内的大兴安岭地区（大兴安岭），鹤岗市所辖兴安区（小兴安岭），伊春市大箐山县（大箐山），绥化市所辖绥棱县（绥楞额山）与青冈县（石人冈、青冈），齐齐哈尔市所辖之克山县（克尔克图山）、克东县、碾子山区（碾子山）以及内蒙古自治区的兴安盟（大兴安岭），便是大兴安岭、小兴安岭及其在松花江北的余脉丘陵所直接影响的地名。

黑龙江省东南部的鸡西市所辖或代管的鸡冠区（鸡冠山）、麻山区（麻山）、恒山区（横山）、密山市（密山）、虎林市（七虎林山），双鸭山市（双鸭山）所辖的宝山区（宝山）、尖山区（尖山）、四方台区（四方台山），七台河市的桃山区（桃山），均得名于长白山北延重要支脉完达山山脉及其在松嫩平原上的山丘。

吉林省东部的白山市（长白山）、长白朝鲜族自治县（长白山），吉林市所辖磐石市（磨磐山），以及辽宁省东部的丹东市元宝区（元宝山）、本溪市明山区与平山区（平顶山）、鞍山市（马鞍山）及其辖区千山区（千山）与立山区（立山）、辽阳市的弓长岭区（弓长岭），其名称均来自长白山山脉及其西南延伸至辽东半岛之余脉群山的名号。

在东北，从乡村到县市，数目、颜色、山岳与河流等要素，无论在满语、蒙古语还是汉语影响的各级地名中均是常见的选项。作为“共和国长子”，东北也拥有大量具有新中国特色的地名。从前面的归纳中我们可以看出，东北的山岳地名在区县地市两级中的比例远比中原腹地多，甚至我们都能在地图上根据地名中的山名，绘制出相对完整的山脉走向。再加上辽西低山丘陵地带的锦州市黑山县、盘锦市盘山县、葫芦岛市连山区，一张完整的东北山脉分布图，就呈现在黑吉辽蒙四省区的行政区划图上。

游走于山海之间

从山东半岛一路向南，沿着黄海、东海、南海海浪拍打的海岸，直抵广西，我国东部沿海省份的山岳命名，除了“天”“屋脊”“田垄”“龙”等，也多了一系列“蓬莱”那般的仙山追求，甚至大量升格为区县级以上的地名。山与海之间的天仙神游，构成了东部山岳的基本母题。我们可以把渤海湾沿岸及山东半岛视为我国“海上求仙”思想的地理源头，这种思想也顺着我国海岸线不断向南扩展，并深刻影响了沿岸诸山岳的命名逻辑，进而反馈到地名上，所以与仙山相关的题材才会被更多地运用到区县级以上的地名中。另外，古代英明帝王著名事迹发生地的山岳，也与仙山信仰合流，在江淮一带最为广布。

山东半岛的两大高大山岳，一为鲁中南山区、一为胶东丘陵区，虽然绝对海拔并不算高，但东部平原之上耸立的高山，受到不远处海上湿气的影响而呈现出“仙山”意象，无疑是同地域“海市蜃楼”现象导致的“海上仙山”形象最佳的“地上实体”。所以山东半岛境内的仙山，无疑也更加密集一些。除了东岳泰山对周边地区的区县地名形成了“强势影响”，青岛市崂山区，无疑也是海边高大山岳化作道教仙山，并最终影响当地政区地名的代表性案例。作为中国海岸线上的第一高峰，介于内陆山岳与海上仙山之间且距离黄河流域华夏文明核心最近的崂山，自然而然成为方士与道教心目中的海上第一名山。

山东北部的无棣县，也是因其境内的无棣山而得名。而无棣山之所以能够至少从西周开始就冠名此地，也与其作为大禹治水以无棣山下无棣水为入海导河的典故有关。与此相似的还有济南市历下区。历下区境内的历山，被传为当年舜帝亲自耕作的历山。农耕与水利本是中华文明数千年间的主旋律，治水的禹与耕田的舜为无棣山与历山提供了上古圣王楷模事迹的加持，这一点与前文提及的河北涿鹿一致，作为兼具人文属性的圣王事迹发生地，而获得了与仙山同等的地位，在中华大地上千古留名。

自山东南下，进入江苏与安徽共同构成的江淮二水入海前的冲积平原，在苏皖鲁豫四省交界处的砀山县，也是因其境内的砀山而得名。平原之上突兀而出的大山，本身就很容易给人留下深刻印象，砀山便是如此。这也成了泰山至长江之间一众山名能够成为区县级地名的几大原因之一。不过，砀山之名之所以能够长期沿用，或许也与汉高祖刘邦在芒砀山斩白蛇起兵有一定的关联。毕竟刘邦本身也算是诛除暴秦、开源两汉的圣王，斩白蛇故事中所蕴含的五德终始与祥瑞意涵，本身也是后世帝王与道士所喜闻乐见的题材。砀山作为芒砀山的组成部分，“捆绑”上了刘邦斩白蛇起兵的典故，自然很难再被其他名称所取代。

继续往东南地区前进，我们就会进入大禹传说密布的区域，尤其是前文提及过的南镇“会稽山”与“涂山”。比起大禹王陵所在会稽山的相对明确，大禹会诸侯的涂山究竟在哪儿就说不清了。我们从山东曹县到安徽当涂，甚至远到重庆，都能看到不少“涂山”。不过，根据考古学者在安徽省蚌埠市禹会村发现的禹会遗址出土文物，“涂山”大概率还是在蚌埠。如今蚌埠市的怀远县、禹会区、蚌山区便是两汉时期的当涂县。魏晋南北朝时期 400 年的动乱，导致大量流民南下，其中汉代当涂县士民大多南迁至长江南岸，这才在今日之当涂县的位置侨置了一个新的当涂县。东晋晚期“土断”之后，侨县当涂正式转化为一级政区，这才有了今日马鞍山市之当涂县。而后，马鞍山因形似马鞍一般的矿山而兴起，取代当涂县成为区域中心，就是后话了。

江苏省常州市金坛区，因境内坐拥著名的茅山而成为道教圣地。其金坛之名，是武则天时期改金山为金坛，以奉道教的直观表现。浙江省台州市的黄岩区则因著名道士王方平在黄色的岩石上升仙而得名。另外，因佛道名山天台山、栖霞山、云龙山而得名的浙江台州天台县、江苏南京栖霞区、江苏徐州云龙区都是因其山形山色之“仙气”而与佛道常年结缘，留下大量被誉为名胜古迹的名山，进而影响了所在区县之地名。

浙江东部海上的舟山市、岱山县、嵊泗县，均位于东海西部的岛屿之上，简直是海上仙山的绝好模板。舟山市定海区从唐开元年间设置翁山县、岱山县而被称为蓬莱乡开始，就被赋予了海上仙山的寓意，再加上唐宋以来东亚世界海上航道的发展，商旅兴盛，佛道也随之而来。翁山、舟山、岱山、蓬莱、嵊山，均与升仙、长寿、行船，甚至齐鲁仙山崇拜的源头岱岳泰山紧密相关。上海市宝山区，境内本无山，从明初宝山烽堠碑关于宝山得名的最早记述来看，人工筑山修烽堠前，当地人曾多次见到山的影子，似乎是一种类似于山东半岛一带的海市蜃楼之景。那么，宝山之定名，或许也属于比较晚近的一个“蓬莱”系案例，只不过烽堠为军事要塞，属于海防单位，借“宝山”之仙名，以镇“江尾海口”之水势，也算是中国传统文化中的常见寓意了。

风景名胜区：山岳崇拜的现代回响

如果说，天地崇拜、圣贤加持、仙山追求是助推山岳名号在历史时期逐渐成为地名，并影响至今的区县级以上的行政区划命名的三大历史原因的话，那么现代社会的旅游文化与市场经济的发展，则为一些尚未在历史时期从山岳名号变成县市地名的山岳提供了一大良机。而这一部分地名变动，也是近30年来地名变动的一大缘由。

处于东南地区的武夷山、黄山、庐山、井冈山便是最为典型的案例。武夷山县级市原为崇安县，是从北宋淳化五年（994年）沿用至1989年的千年老县名。黄山地级市在历史上的名称主要为新安郡、歙州、徽州府，1986年至1988年的区划调整中才逐渐设置了黄山县级市与黄山地级市，取代了原本的徽州。庐山山区原属周边的九江县、星子县，先后设立庐山管理局、庐山区、庐山县级市，就是不同时期为专门管理庐山所进行的尝试。井冈山县级市也是在新中国成立后因其红色圣地的地位而逐渐取代原本的宁冈县，成为如今之规模

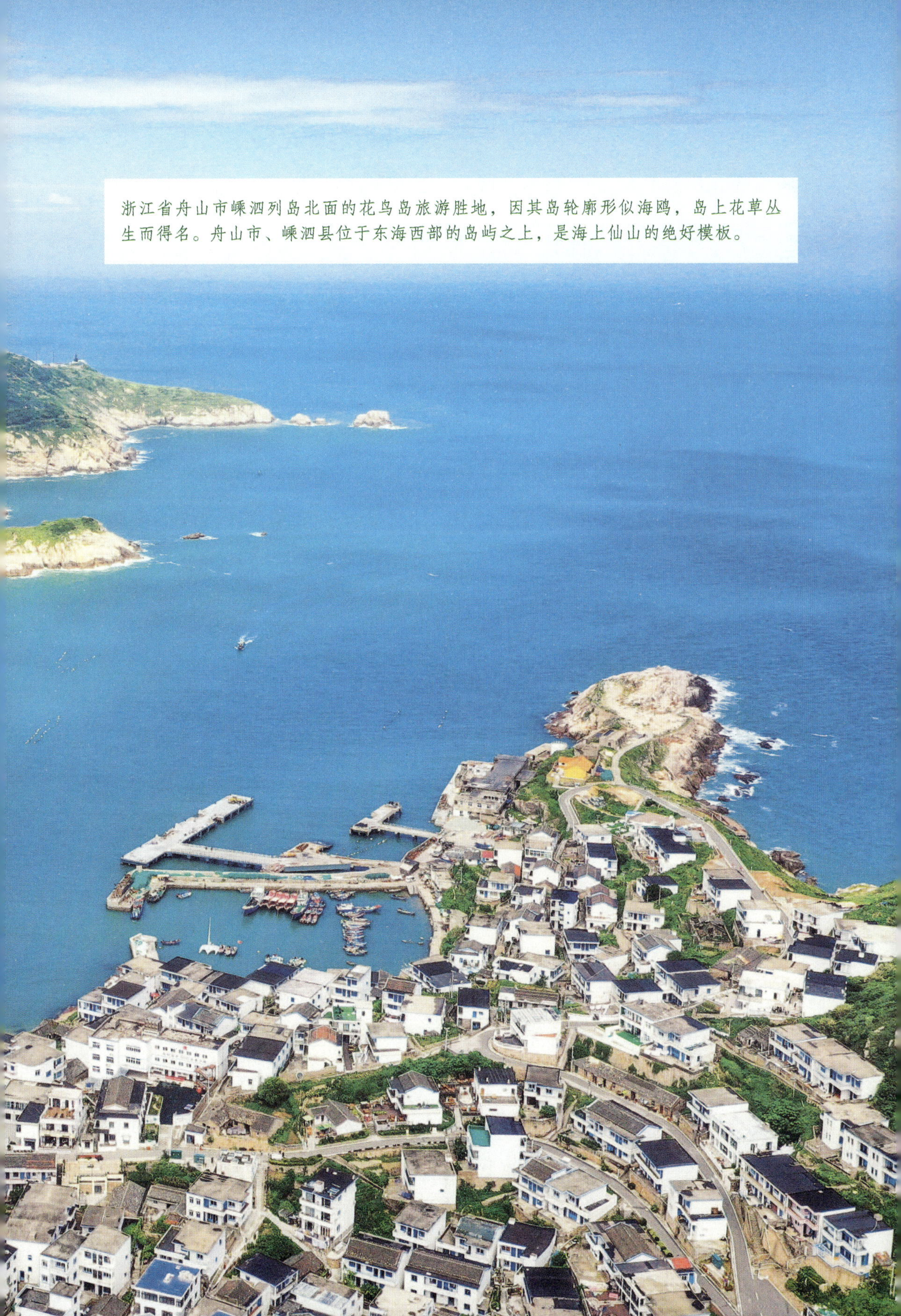

浙江省舟山市嵊泗列岛北面的花鸟岛旅游胜地，因其岛轮廓形似海鸥，岛上花草丛生而得名。舟山市、嵊泗县位于东海西部的岛屿之上，是海上仙山的绝好模板。

的。除却行政管理的因素外，旅游市场的勃兴、名胜文化的传扬，无疑是上述四地“以山为名”的主要动力。

另外，全国各地也有不少省会城市或重要城市，因为市辖区的设置需要，必须在原有地级市名外另选一名作为“区名”，从而在区县级、地市级之间形成显著区别，避免混淆，城市古称、山川名胜无疑是最好的选择。其中，选择山川名胜作为新设区区名的案例，除了本地名胜背后丰富且深厚的历史文化积淀这个因素外，无疑都有运用旅游经济之思维选取地名的潜在动力。比如天水市麦积区（麦积山石窟的佛教艺术）、长沙市岳麓区（岳麓山/岳麓书院的文化意义）、黄石市西塞山区（著名诗篇“西塞山前白鹭飞”）、合肥市蜀山区（大蜀山）、滁州市琅琊区（琅琊山上有欧阳修的醉翁亭）、无锡市惠山区（惠山上的惠山寺）、广州市白云区（白云山）、徐州市泉山区（泉山公园）等。利用佛教艺术、儒家文化、升仙文化与诗歌典故为地方命名，使得当地得以闻名周边，甚至驰名天下，无疑是传统文化与现代市场相结合的生动写照。

长江沿线：江山地名的交响乐

如果我们换条思路，顺着长江而上，前文提及的所有以山岳命名某地的逻辑都会在长江两岸一一呈现。长江沿线的“因山为名”，就像是西北、东北、东南三条线索的高度叠合。毕竟长江中上游所流经的祖国大西南、中南，才是中国境内山地最为广布的区域，不同时期的不同命名方式都在这片土地上交融碰撞。

前文提及源自海上仙山信仰的宝山（宝山区）、可能源自古代吴国吴语的姑苏山（苏州及姑苏区）、佛道圣地栖霞山（南京市栖霞区）、六座山峰交相耸立的六合山（六合区）、因地形样貌而得名的马鞍山（马鞍山市）、与大禹传说相关且自淮河侨迁而来的当涂山（当涂县）、与黄帝南巡升仙传说相关的黄山（黄山市）、五岳系统中的古南岳潜山（潜山市）、因修道仙山而成为名胜的庐山（庐山市），分列在长江下游的沿江两岸。

进入长江中游后，江西、湖北、湖南三省，均是周遭山脉环抱、中部都是大湖平原鱼米之乡的地形，所以我们往往能在此类省份的边缘处找到“山岳地名”。其中江西的山岳地名要比“两湖”多一些，在赣江水系各大支系的尽头，顺时针环布着上饶市广丰区（永丰山）、横峰县（横峰山）、万年县（万年峰）、景德镇市珠山区、大余县（大庾岭）、吉安市青原区（青原山）、井冈山市、萍乡市安源区（安源山）、庐山市（庐山）等九处区县级地名；其中大余县的大庾岭，正是毛主席曾经盛情赞叹的“五岭逶迤腾细浪”中的五岭之一，也是这五道分隔两广与湘赣并被统称为南岭的山岭中唯一一个在如今区县级地名中有所体现的。

湖北省、湖南省与山西省相似，虽然境内也不乏高山大川，但直接用“山岳”做地名的案例却相当少见。京山市之京源山、武汉市洪山区与青山区之洪山、青山，以及大别山南麓英山下的英山县，便是湖北省境内全部直接“因山得名”的案例。湖南省如果抛去南岳衡山影响的地域，则只剩下蓝山县、凤凰县（凤凰山）、石门县（天门山古称石门山）是直接来自山岳之名。在同样多山的湖北、湖南，似乎比起山岳险峻，还是潺潺河流旁的千亩良田更讨士大夫与农夫的喜欢。

我们继续西进，穿过重庆，进入四川，巴蜀大地的山岳地名一如其地形那般环绕着四川盆地排布。从东部分隔长江上游与中游的巫山（巫山县），经重庆市武隆区（武隆山或武龙山）、长寿区（长寿山）、璧山区（重璧山）、铜梁区（小铜梁山）进入巴蜀，长江重庆段的群山也在自然地貌与行政区划上共同迎接着远方的来客。单从字面意义来看，巴蜀荆楚本就是民风多巫，武龙、重璧、铜梁自然也是三峡至朝天门码头间航道两旁大山险峻面貌的生动展现。至于长寿则是文化与地形的互动影响所致，或有道教升仙追求的体现，毕竟巴蜀也是我国修道升仙思想的重要发源地之一。可以说，重庆用它的群山颇具代表性地召唤着我们进入区县地名之旅的最后华章——四川盆地。

四川盆地四面山围，除重庆所辖诸山名区县外，东北部尚有隆城山与大仪山各取一字合成之仪陇县（古称仪隆县）以及取自华蓥山的华蓥市，南部尚有分别取自境内邛崃山、眉山、峨眉山、至乐山、卢山、彭祖山、宝屏山的邛崃市、眉山市、峨眉山市、乐山市、芦山县、彭山区、屏山县等地名，盆地北部的剑阁县更是直接源自境内的金牛道南段起点剑门山，蜀道之难便由此终始。四川盆地的腹地也是山陵众多，金堂县与三台县，便是取名自盆地腹心的金堂山与三台山。

剑门关关楼，地处四川省广元市剑阁县城南剑门山附近，因唐代大诗人李白《蜀道难》中“剑阁峥嵘而崔嵬，一夫当关，万夫莫开”而闻名。剑阁县之名便直接源自剑门山。

山岳本身作为地表之上最为普遍的高大地貌，除了直接以其名号成为地名外，往往也会蕴含着动物植物之状貌、圣贤帝王之事迹、边疆族群语词之含义，从而一同影响着地名，这一点在不同民族活跃的不同语言指称的全球各地均普遍存在。

在山岳地名方面，我们也会经历“见山是山、见山不是山、见山还是山”的奇妙过程。或者说，“因山为名”只是一条稍显粗大的线索，能让我们依托地理形貌，一窥大量地名之来历，明晰人文与地理的交互作用。在这个探究过程中，一个地名究竟是不是完全来自山岳，其实已经不再重要了，因山为名的山岳地名更像是一个媒介，一个能够让我们发现人文与自然不断互动影响的绝佳媒介。

文 / 寒鲲

智者乐水

以大川之名抵达故乡彼岸

在中国，有关河流的歌很多。

先秦时期，就有客居于卫国的宋人因思念故土而吟唱：“谁谓河广？一苇杭之。谁谓宋远？跂予望之。”（《诗经·卫风·河广》）生活在汉水边上的男子思慕女子求而不得，望着浩渺江水会叹息一句：“汉之广矣，不可泳思；江之永矣，不可方思。”（《诗经·周南·汉广》）

而今天漂泊他乡的人，或许会因一句低声吟唱的歌谣“黄河的水不停地流，流过了家流过了兰州……”寻到对故土的思念。生活在钢筋水泥丛林中的都市人偶尔也会因一句“沧海一声笑，滔滔两岸潮，浮沉随浪记今朝……”而衍生出泛舟邈远江湖之上的遐想。

与世界许多古老文明一样，中华文明也建立在奔流不止的河流之上。我国境内不仅流淌着如黄河、长江一样源远流长的大江大河，也有 1500 多条如毛细血管般在土地上蜿蜒而行的河流，滋养着地形丰富的广袤土地，更别提如珍珠般散落于江河之间的近 24880 个大小不一的湖泊，我国可谓不折不扣的水泽之国。溪流在山间自由地徜徉流淌，大河遇到阻碍时激荡扬波，大川归入大湖时宠辱不惊，浅水遇风时泛起微澜，深潭水面如镜却内有乾坤……两千多年前，孔子曾立于河川之上，望着汩汩滔滔的河水奔流远逝、不曾停歇，留下一句千古长叹“逝者如斯夫！不舍昼夜……”一千多年后，被贬黄州的苏轼时常乘一叶扁舟“出没烟波里”，吟叹“大江东去，浪淘尽，千古风流人物”……智者乐水，古人总能从水的千姿百态中得到启发。生于斯，长于斯，先民们逐水而居、伴水而生，用歌声咏唱这些河流的同时，也将它们的身世隐藏于大大小小的地名之中。

天下黄河

在中国境内的河流中，黄河是一条年轻的河。经历了 180 多万年的塑造与过关斩将，最终在距今约 1 万年前冲破了大地的层层桎梏，奔流向海形成了现今的规模。然而在中华文明的历史上，黄河又是一条古老的河流，正是在其流经的沃土之上孕育了灿烂的农业文明，出现了最早的文字。在一段漫长的岁月里，黄河就是古人心中河流的样板，“河”就是黄河的名字。到三国魏晋时期，“黄河”二字开始见诸诗文，如三国时期李康《运命论》中的“夫黄河清而圣人生”，又如《木兰辞》中“旦辞爷娘去，暮宿黄河边……旦辞黄河去，暮至黑山头”。待到唐宋，黄河已基本定名。为何是“黄”？很大可能正是古人对黄河的直观描述。据《左传》记载，早在哀公八年（前 487 年），古人已经作诗感慨自己这辈子恐怕都等不到黄河变清，“俟河之清，人寿几何？”可见当时的河水浑浊已是常态。200 多年后，人们又开始称河为“浊河”，再到后来称之以“黄”也就不奇怪了。

黄河之“黄”声名远播，但是仔细看黄河流域的诸多城市村镇却鲜少以“黄”命名。陕西中部倒有两处县城名为黄陵、黄龙，却是因内有黄帝陵和黄龙山而得名，而流域内的众多支流更少见以“浑”“浊”“黄”来命名的河流。若溯游而上，越接近源头反倒越会发现这条大河的底色未必是黄色。

古人很早就开始探源黄河。据《史记·大宛列传》记载，张骞通西域后确认了黄河之源在于阗，即今新疆和田一带，注入一片“盐泽”（即罗布泊）后便“潜行地下”。这一错误记载在晋代张华的《博物志》中就已得到纠正，书中提到黄河“源出星宿”，即今天的星宿海。贞观九年（635 年），唐朝将领李靖、侯君集等人率军追击吐谷浑时也曾经过星宿川，还来到了柏海，也就是今天的鄂陵湖（白色的湖）与扎陵湖（蓝色的湖）。五年后文成公主出嫁，松赞干布正是在此迎接送亲队伍。如今我们已经知道黄河正源是从巴颜喀拉山北麓流淌而下的卡日曲（红色之河）。黄河从扎陵湖、鄂陵湖出发流经的第一个县青海省玛多，在藏语里便有“黄河源头”之意，而自甘肃省玛曲县开始，一系列挟带着泥沙的河流逐条汇入，才开始为黄河“增色”。

青海省的湟源县与甘肃省的临夏市，其名字皆源自流经两县的黄

位于今青海省果洛藏族自治州玛多县的星宿海，藏语称为“错岔”，意为“花海子”。黄河经扎陵湖、鄂陵湖流过便到了星宿海，古人曾以为这里便是黄河之源。

河上游的两条重要支流——湟水与大夏河。它们不仅贡献了充沛的水量，也挟带着泥沙入河，甚至有人一度因“湟”“黄”读音相近而误以为湟水才是黄河名字的来源。

自内蒙古托克托县河口村往上即黄河上游。河口村之名与内蒙古巴彦淖尔的临河区、磴口县、山西河曲县一样，皆因处于黄河沿岸而得名。而无论是历史还是当下，比起黄河的清浊，黄河的流向对流域内地名的影响更为深远，河南、河北、河东、河西、河套、河朔等地名更是传之久矣。

依据黄河的流向，在今甘肃境内黄河以西地区，曾被称为“河西走廊”，甘肃也因境内有陇山和黄河，曾被称为“河陇”。陕北有首广泛传唱的船歌：“你知道天下黄河几十几道弯，几十几道弯里有几十几条船……”反复高唱的“几十几”形象地道出了黄河流向“爱转向”的特质。而黄河上游著名的河套地区正得名自黄河最大的转向——“几”字弯。所谓河套，是明代才出现的称呼。据《明史·地理志》记载，其形容的正是“大河三面环之”的地形，自宁夏银川以北，内蒙古的托克托以南这段黄河两侧的“套”状平原地带，就是河套。秦汉时期这里曾被称为“河南地”，后来也曾有河曲之名。之所以更名，清人认为还与明朝在今宁夏陕西北境修建的长城不无关系，三面环河外加长城横穿而过，进而形成相对独立的地理单元，成为一个真正的“套”。

位于黄河下游的三门峡市（今属河南）可以说也是黄河“转向”的结果，其地名更是得自黄河“青春期”时一段叛逆的经历。年轻的黄河顺着晋陕大峡谷流入关中盆地时，自龙门奔涌而出，遇到秦岭阻隔便转向东流，遇到太行山阻挡，便以巨大的水力持续冲击出三股水道，最终得以汇成大河一路东奔向海。后人便将这三股激流命名为人门、神门、鬼门，还与大禹治水的传说联系起来，河中屹立的巨石正是大禹凿龙门时留下的定河神针——“中流砥柱”。唐时还曾置龙门县，后因设黄河渡口而改名，即为今天的山西省河津市。

此外，古人常用“三十年河东，三十年河西”来形容时过境迁、今昔巨变。这并非想象，而是真正的经验之谈。黄河一直是晋陕两省的天然边界，自北而南奔流，其东岸即山西南部，被称为河东，而西岸的陕西省黄河以西、洛河以东地区在历史上也被称为“西河”。战国时魏国曾在此设西河郡，名将吴起也曾任“西河守”，这一古老称谓也至今留存于陕西澄城县的西河村。不过，出了晋陕大峡谷，黄河前方一片“坦途”时，当地的一些村庄就没那么幸运了。随着大河的蜿蜒摆荡，不少村落在河之东西方位也随着改道变化。如河南、河北这样泛指大区域的地名反而历史悠久，例如“河南”一词在《周礼》中就已出现，隋代即已置河南道。而河朔之名也颇为古老，朔即北方，河朔便泛指黄河以北地区。东汉末年袁绍割据河北，陈寿在《三国志》中就称他是“威震河朔，名重天下”，而唐末藩镇割据的河朔三镇，其范围更与今天的河北省大部分重合。

“摇篮”支流

“君不见，黄河之水天上来，奔流到海不复回……”“黄河西来决昆仑，咆哮万里触龙门”，李白笔下的黄河总像一条精力充沛的巨龙，从天而降、气势磅礴。而这样的洪荒之力，恐怕还要归功于各条支流。在黄河上游，单是来自四川的白河、黑河，青海的湟水、大通河，甘肃的大夏河与洮河等支流就为黄河贡献了近 70% 的水量，中下游又有渭河、汾河、洛河、伊洛河、沁河等助力，才让黄河这么神采奕奕。更重要的是，正如钱穆曾指出的那样，华夏文明的孕育也“并不籍赖黄河自身，他所凭依的是黄河的各条支流。每一支流的那一个角落里，都是古代中国文化之摇篮地”。这些支流仿佛华夏文明遥远的故乡之河，古老的名字至今还在这片土地上静静流淌。

“四合连山缭绕青，三川滉漾素波明。春风不识兴亡意，草色年年满故城。”（《过故洛阳城》）熙宁四年（1071 年），司马光因反对王安石变法退居洛阳，路过汉魏洛阳城的颓墙时不免心有感叹，遂作此诗。三川说的正是黄河、洛河、伊河，而古都洛阳便是因地处洛水北岸而得名。洛河、伊河发源于华山南麓，交汇成为双子河携手汇入黄河。这片支流流域自古河水平缓温和、支流繁多且土壤肥沃，有“温洛”之美称。“最早的中国”——二里头文化便从这里诞生，偃师商都也曾在此拔地而起，汉魏时还曾在洛水河畔修建城池，引伊洛河做护城河，隋唐时索性跨河建城。此外，今洛阳的洛龙区得名自龙门石窟，后者正是修建于伊河两岸。所谓龙门，指的是两山夹峙伊河如天然门阙，而其在先秦时曾有个更为古老形象的名字，即为伊阙，唐代书法家褚遂良的《伊阙佛龛碑》正题刻于龙门石窟的宾阳洞内。距离洛阳不远的伊川县也得名于伊河。

陕西省西安市高陵区泾河和渭河汇合形成的“泾渭分明”景观。泾河是渭河最大的支流，自古因含沙量大而闻名。所谓“泾水一石，其泥数斗”，古时常是渭水清而泾水浊。当下两河则因季节、洪水期影响反而会出现渭浊泾清的现象。

今甘肃省定西市下辖的县城渭源，看似不起眼，其县名却很早就在《禹贡》中出现，皆因黄河第一大支流——渭河发源于其境内的鸟鼠山。在《山海经》中，河（黄河）、渭并称，相传夸父逐日干渴之时曾饮尽河、渭之水，而渭的源头在“鸟鼠同穴山”。《尚书·禹贡》又记载了大禹凿穿山脉让渭水东流的传说，因而也被称作“禹河”。如果说洛阳的繁盛之景离不开洛水的滋养，那么长安乃至汉唐的繁荣更与渭水有关。曾是秦朝古都的咸阳正因为位于渭河北岸、九山之南，“山水俱阳”而得名，城内至今还有渭城区，不过诗人王维笔下“渭城朝雨浥轻尘，客舍青青柳色新”的水陆码头繁荣之貌却已不见。而在咸阳东面的渭南市，也因渭河得名，汉初就曾设渭南郡。不过，渭河最广为人知的风貌是来自《诗经·邶风·谷风》中那句“泾以渭浊，湜湜其沚”。发源于宁夏六盘山东麓的泾水是渭水支流，因为挟带着大量的泥沙，两河交汇时便出现“泾渭分明”的河面景观。宁夏最南端的泾源县就因泾水发源于此而得名。

跟随渭河从潼关汇入黄河后，一路溯游而上，便会遇到黄河的第二大支流——汾河。如果说渭河是三秦儿女的母亲河，那么汾河则赋予山西“地肥水美五谷香”的好风光。《水经注》里汾河源头犹如一位笼罩于烟云水泽的温婉美人，“水上杂树交阴，云垂烟接。自是水流潭涨，波襄转泛……”乍一看竟不像是北方河流。也难怪李白到山西游历时看到汾河秋景会泛起思乡之情，“思归若汾水，无日不悠悠”（《太原早秋》）。而几百年后，16 岁的青年诗人元好问赴并州应试途中，于汾水河畔偶遇一位捕雁者。听闻一只大雁因与其结伴双飞的伙伴被捕杀而从天上一头栽到地上，元好问深受震撼，便将两只大雁买下合葬于汾水旁起名“雁丘”，在此写下了“问世间，情是何物，直教生死相许？”（《摸鱼儿·雁丘词》）这样荡气回肠的词句。不过汾水赋予两岸平原的不仅有诗词的浪漫，还有厚重的历史。位于晋南的临汾，便以地处汾水河畔而得名。早在先秦时这里已是晋国、韩国等诸侯国的政治中心，隋开皇三年置临汾郡，此名沿用至今。而其下辖的襄汾境内还曾发掘出旧石器时代的丁村遗址与新石器时代的陶寺遗址，说明在远古时期先民已于汾水流域定居。更别提中华儿女寻根问祖的洪洞县也在汾河东岸。元好问在词中感慨，“横汾路，寂寞当年箫鼓，荒烟依旧平楚……”千年风云变幻，唯有汾水依旧平静地流淌在汾阳市、汾西县、临汾市等地名中，最终汇入黄河，成为浩瀚华夏文明之一粟。

不尽长江

从地图上看长江，颇像是有些变形的黄河的倒影。两条大河手挽着手从中国地形的第一阶梯——青藏高原流下，一个向南，一个向北，流经高山、峡谷、盆地、平原，最终近乎平行着向东汇入大海。这样的“双河现象”很早就为华夏文明的形成奠定了地理基础，而长江近 180 万平方千米的流域面积加上黄河约 75 万平方千米的流域面积，也基本上涵盖了中华文明的核心地带。

今天的我们根据“河源唯远”的原则，已确定发源于唐古拉山的当曲是长江的最远源头。不过，对于古人来讲，或许认为长江的起点在汉江，而汉江的起点则在陕西。

位于陕西西南一角的汉中市，其地名可谓历史悠久。早在先秦时期，汉中已是楚国北界。前 312 年，秦国伐楚，便取楚地六百里置汉中郡作为秦初三十六郡之一。汉中之“汉”即为汉水，也称汉江。汉中市下辖的宁强县内便位于汉水的发源地，勉县则得名于汉水的古称沔水。汉江很早便是古人歌咏的对象，《诗经》有“江汉浮浮，武夫滔滔”（《大雅·江汉》），“滔滔江汉，南国之纪”（《小雅·四月》），描写的正是古时汉水风光。江、汉总在一起，甚至在一些古籍中，“江”也曾代指汉水。它发源于陕西，一路向东南奔去，几乎贯通湖北，最终从武汉汉口汇入长江。正因为这番长途跋涉，汉江也成为长江最长的支流。武汉的名字基因中，或许有三分之二是因为汉水——经过上千年的行政嬗变，最终武昌、汉口、汉阳三镇合而为一。唐代诗人崔颢于黄鹤楼上眺望吟咏的那句“晴川历历汉阳树，芳草萋萋鹦鹉洲”，说的正是此汉阳。而武汉另一部分“长江基因”则要到李白那句“黄鹤楼中吹玉笛，江城五月落梅花”中去寻找了。

古人认识汉水已久，却一直不知长江源自何处，以至于千年来根据《尚书·禹贡》《山海经·中山经》中的记载，一直认为其源自岷江——长江上游位于四川境内的一条重要支流。也正基于此，北周、隋唐还都曾在岷江源头设置江源县（郡）。古代水利工程的典范都江堰正是修建于岷江上，而岷江古称汶水，位于江边的汶川县便得名于此。真正否定“岷山导江”这一错误认知的，是明代旅行家徐霞客。他亲自到实地考察，最终自信满满地在其《溯江纪源》中写下“其实岷之入江，与渭之入河，皆中国之支流……故推江源者，必当以金沙为首”。其中“金沙”指的就是长江的上游段金沙江，宋人因其沿河盛产沙金而取名。三国时期的金沙江也被称作泸水，正是诸葛亮《出师表》“五月渡泸，深入不毛”一句中的“泸”。一说认为，川南的泸州便得名自泸水。而云南丽江则取名自金沙江的另一古称丽水。云南昭通下辖的绥江县，又因地处金沙江南岸且寓意和平安宁而得名。

直到清代康熙年间，长江的源头才基本确定。尽管寻觅长江源头的历程如此之久，但对于几千年来生活在长江两岸的居民来讲，眼前这条大江是滋养土地的大川，是塑造故土独有的水泽之乡的大江，也是通向远方的天然通道。唐安史之乱结束后，流落四川的杜甫曾在《闻官军收河南河北》中表达了自己欣喜急切的思归之心：“即从巴峡穿巫峡，便下襄阳向洛阳。”可见当时的水系之丰沛、水运之发达。

从四川宜宾顺江而下到湖北宜昌这段江水历来被称为川江。这一段从地图上看来走势颇为平缓的河流，却是中国历史上最凶险的河段。这里险滩密集，又因时有滑坡、泥石流、坍塌等地质灾害而产生新的险滩。大滩套小滩且礁石密布，如果放大地图，就会看到这一河段有上百个以“滩、碛、石、珠（当地人对礁石的称呼）”命名的险滩。然而川江自古又是长江水运的咽喉，是沟通四川盆地与长江中下游及中原的重要通道，而且长江北岸还有发源于秦岭的嘉陵江汇入，这条航路自汉代起就是川陕地区物资输送的主要通道。在古人心中最急最险的三峡（瞿塘峡、巫峡、西陵峡）也在这一河段，因此也得名“峡江”。南宋文学家范成大曾于三峡乘船，“至瞿塘口，水平如席。独滟滪之顶，犹涡纹瀺灂。舟拂其上以过，摇橹者汗手死心，皆面无人色”（《吴船录》），他在一旁看着都感到心惊肉跳，全无李白“朝辞白帝彩云间，千里江陵一日还”的轻松劲儿。

李白诗中的江陵在今天荆州一带，因濒临长江，近地无高山而得名。的确，过了三峡从湖北宜昌往下到湖南岳阳被称为九曲荆江，地势开始和缓、水流逐渐减速，正所谓“山随平野尽，江入大荒流”，完全是另一派风貌。也正是从这里，长江开始“浪迹江湖”。

江湖“动荡”

在汉语中，有两个与“江”有关的词，乍一读再简单不过，解释起来却难以一言概之。它们带着一种只有国人才能意会的气质，每每读到总会令人心生向往——一为江南，一为江湖。它们的诞生本身就隐含着一种动荡，却又会归于平静，只在一些地名中留下过往的痕迹。

湖南省岳阳市与江西省九江市的地名，是典型的不因湖而名，但为湖而生。岳阳取名自洞庭湖畔的岳阳楼，使用年代较为晚近。洞庭一词则有几千年的历史，屈原在其《九歌·湘夫人》中就有“袅袅兮秋风，洞庭波兮木叶下”，而洞庭传说也是湘君、湘夫人等神仙居住的洞府，因而得名。相传古时洞庭湖极其广阔，有八百里之称，范仲淹一句“衔远山，吞长江，浩浩汤汤，横无际涯”可见并非夸张之词，而素有“三湘四水”之美名的湖南不仅因位于洞庭湖之南而得名，其境内四水更是一齐通过洞庭湖汇入长江，沟通南北。

湖南很多地方都带“湘”。湘潭市、临湘市、湘阴县、湘乡市等名皆源自湘江。柳宗元谪居的永州虽然名字不带湘，但在古时却有个雅称——潇湘，只因在其境内潇水与湘江汇合。浏阳市则得名于下游汇入湘江的浏阳河，它如歌中所唱“弯过了九道弯，五十里水路到湘江”。沅江市与澧县之名则分别源自“四水”其二的沅江与澧水，这两条河距离不算远，屈原正是行吟于此写下诸多佳篇，如“沅有芷兮澧有兰，思公子兮未敢言”，其中“芷”意指香草白芷，沅江也有芷江之称，而芷江侗族自治县便因此得名。沅江流域不仅是古楚文化的据点、神秘巫楚文化的中心地带，沈从文笔下的“边城”以及凤凰等古镇也都广泛分布于此，形成湘西独有的江乡风貌。

江西九江的名字较为古老，早在秦代即已设郡。九江，因古时赣水、鄱水、余水、修水、淦水、盱水、蜀水、南水、彭水等湖汉九水皆由此入彭蠡泽而得名。彭蠡泽，也称彭泽，是我国第一大淡水湖鄱阳湖的古称，今九江以东仍有一彭泽县，保存着这一古称。有学者认为古代的彭蠡泽远比今天鄱阳湖的水域面积大，甚至江北的湖泽也在其范围内，因而取名鄱（波）阳。尽管这一说法仍有争议，但鄱阳湖在历史上确实是不断变化的。隋唐时鄱阳湖碧波万顷、烟波浩渺，因而成为不少诗人的打卡地，除了王勃那句著名的“落霞与孤鹜齐飞，秋水共长天一色”外，李白的“开帆入天镜”更是传神。与洞庭湖一样，鄱阳湖也承担着为江西沟通南北的重任，江西赣江等诸河也须经鄱阳湖汇入长江。不光赣州的地名，就连江西省简称“赣”都得名自从南向北贯穿江西的“母亲河”赣江。“赣”之一字来自其东西两侧汇入的重要支流章水与贡水。

相比之下，位于长江之北的湖北省则稍显落寞。它虽因洞庭湖而得名，但其境内那片传说中的湖泽若能存留至今，或许湖北就要改名“湖中”了。今湖北孝感下辖的云梦县，就得名自“隐退”江湖的云梦泽。“云梦”之名，屡见先秦史籍，相传是古代九薮（大的湖泽）之一。不过对云梦泽最浪漫的描述则来自司马相如的《子虚赋》：“其南则有平原广泽，登降陁靡，案衍坛曼……其西则有涌泉清池，激水推移，外发芙蓉菱华，内隐钜石白沙。”明明是子虚先生的夸张虚构之词，但却由此引发古人上千年的追寻。不过，云梦泽确有其湖，据历史地理学泰斗谭其骧考证，大致在汉魏江陵以东的江汉之间，今湖北省洪湖一带古时皆为云梦泽。然而由于汉水与长江挟带的泥沙淤积，古时巨大的湖泽逐渐萎缩，到了北宋初期就已基本消失，空留在地名中引发后人的遐想。

谭其骧在论证云梦泽的古代变迁史时颇有些感慨：“湖泽这种地貌的稳定性是很差的，特别是冲积平原中的湖泽，变化更为频数。”这句话用来形容黄河下游的湖泊最合适不过。庆历七年（1047年），韩琦出知郓州时路过一片“巨泽渺无际”的大湖。30年后苏辙也看到此湖，竟恍然有置身江南之感，便感慨“应为高人爱吴越，故于齐鲁作南风”（《和李公择赴历下道中杂咏十二首·梁山泊见荷》）。其实，不只苏辙会惊讶，今人看来也很难相信黄河下游会出现一片可堪与江南媲美的湖泽。这片湖泽便是《水浒传》中那个茫茫荡荡的梁山泊。今天鲁西南靠近黄河南岸的巨野、梁山二县，其名正与古时梁山泊的形成和消失有关。古时在今巨野县北，曾有一片湖水名为巨野泽（亦名大野泽），是济水与濮水交汇之处。自汉武帝开始一直到五

江西省九江市浔阳区长江岸边的锁江塔与浔阳楼远景。锁江塔、浔阳楼均为后来重修，浔阳则为九江旧称之一。九江“北导长江”，又因位于鄱阳湖畔而“途通五岭”，自古便是水运交通要道。

江西省南昌市东湖区临赣江而远眺的滕王阁，曾为“江南三大名楼之一”。现存建筑为1985年重建景观。赣江是江西儿女的“母亲河”，北自鄱阳湖汇入长江，南则因秦、汉、唐等多朝代修建的梅关等多个关隘驿道而得以沟通珠江水系，成为古时内陆航运的交通要道。

代时期，黄河几次决口使湖面不断扩大，并因泥沙淤积湖面不断抬升外溢而使湖水扩大到梁山。接着宋代两次决口（1019 年、1077 年），洪水全都注入梁山泊，梁山反倒成了湖中岛屿。其地芦苇丛生，水域浩阔，易于逃匿，刚好为书中 108 位好汉齐聚提供了一个绝妙的大本营。只可惜，到了明中期黄河夺泗入淮，改道由南面的淮河河道入海。待到清康熙初年，昔日浩渺大湖已是“村落比密”，竟连一溪一泉都难以寻得。黄河下游消失的湖泽不止巨野泽一处，如今河南安阳下辖的内黄县，就因县内曾有黄泽而得名。苏北地区的沛县，相传也曾有一汪大泽——汉高祖刘邦正是在此斩杀白蛇——后来也逐渐消失。山东省微山县得名自微山湖，也是因黄河水漫决而渐渐形成的大湖。可见江河动荡之际，也在塑造湖泽，而湖光山色的造就更离不开一代代人的努力。

位于长江下游南岸的安徽芜湖，曾有一个古老的称谓：鸠兹。“兹”通“滋”，古时这一带遍布湖塘沼泽，鸠鸟云集于此，故而得名。据《左传》记载，先秦时吴楚两国还曾在鸠兹发生过一场大战。待到西汉，又因当地湖泊“蓄水不深而生芜藻”便更名为芜湖并沿用至今。经过几代人的耕耘，到南朝时期，芜湖已是“良畴美柘，畦畎相望”，一派江南田园风光。明清时期更因青弋江与长江在此交汇形成的天然水道，成为徽商走出安徽的前哨站，社会之繁荣“他弗能比也”。而因太湖得名的浙江湖州市，也因宋室南迁后在当地兴修水利，而使其成为江南有名的粮仓。无独有偶，“淡妆浓抹总相宜”的杭州西湖也是经历了自白居易到苏轼几代人的修治、疏浚才成为后世吟咏江南的好去处。西湖在古时还被称作钱塘湖，既是杭州旧称，也与其所处的钱塘江流域有关。钱塘江的古称“浙江”，也曾称“之江”，后来成为浙江省的名字。

以水之名

关于江河，古人很早就发现了一个命名规则——“北河南江”：颜师古注《汉书》曾指出，“南方无河也，冀州凡水大小皆曰河”；孔颖达则指，“江以南，水无大小，俗人皆呼为江”。宋代学者宋祁用一句“盖从其俗也”便做了解释。

如果翻开地图看，南方地名中确实多“江”。如大致覆盖今广东的珠江流域，河流几乎全员名“江”，流域内的城市也总有这些江河的影子，如珠海便因位于珠江口且濒临南海而得名，还有廉江、江门、阳江等皆因江得名。再比如云南临沧市、澜沧拉祜族自治县，都以澜沧江命名，福建泉州下辖的晋江市则因晋江而名，相传名之曰“晋”是晋代中原人士衣冠南渡，怀念故土的缘故。

不过，古时江河也并非河流的唯一称谓。渎，既指水沟、小渠，古人也将有独立源头且能入海的河流称为渎，《尔雅·释水》中就记有“四渎”，即“江、河、淮、济”。江、河为长江、黄河，淮、济则指淮河与济水。

早在先秦时期，淮河就是一条重要的分界线，不仅有“南橘北枳”的典故流传至今，待到南宋，淮河更取代长江与秦岭一起成为宋金政权格局的分界线。安徽的淮北市、淮南市，也是因在淮河两岸而得名。淮南之名，可谓历史悠久，汉高祖刘邦曾封英布为淮南王，首置淮南国。汉文帝时期，淮南国又一分为三：淮南、衡山、庐江。而当时的淮南王就是相传发明了豆腐的刘安。在其下游的江苏淮安也因淮河得名。“安”寓意安宁，可见淮河“动荡”。此外，安徽省省会合肥之名也与淮河有千丝万缕的联系。此地最早在秦朝便设合肥县，属九江郡。在司马迁的《史记》中也曾出现。启用于隋开皇元年（581 年）的“庐州”是合肥的曾用名。合肥之“肥”来自淝水，据古人观察，自江淮分水岭两侧发源的淝水（今东淝河）和施水（今南淝河），一条向北汇入淮河，一条向南汇入巢湖，唯独在合肥有交汇，因而得名。与之相反的是，流经南京的秦淮河，虽有“淮”却与淮河无关，它原名龙藏浦，皆因唐代诗人杜牧一首《泊秦淮》才更了名。

作为“四渎”之一的济水，就不似淮河这般好命。历史上黄河的频繁改道，最终让这条大河下游渐渐消失，古水之名只能静静流淌在这些地名中了：河南省济源市因古济水曾发源于此而得名；一说山东济南早在西汉时就已建郡，因其位于济水之南而得名；济宁市则有济水安宁之意。

如果将目光聚焦在中国版图的东北方，就会发现古人“北河南江”的规律不那么适用了。广阔肥沃的东北平原又称“三江平原”，正是黑龙江、乌苏里江与松花江的杰作，这片土地上很多地名都与它们息息相关。黑龙江省名就源自东北地区最大的一条河流，其名第一次出现是在《辽史》中，皆因河中有大量腐殖质而水色黝黑，蜿蜒如游龙。吉林省松原市则得名自黑龙江的支流松花江，后者与其支流嫩江一齐滋养着肥沃的松嫩平原。有学者认为松花江即《魏书》中的“难水”，元代称其为宋瓦江，后来便以谐音而名。牡丹江市的地名则取自松花江第二大支流牡丹江，不过所谓“牡丹”非花也，而是满语“穆丹”的音译，原意为弯曲，因此《金史》中也曾称其为曲江。其下辖的穆棱市则因乌苏里江的支流穆棱河而得名，相传这片土地在古时是渤海国的牧马场。而作为东北的“南方沿海”，辽宁之名则来自辽河。辽河有东西两源，吉林省辽源市即得名自东辽河之源头。而黑龙江境内的黑河市、嫩江市、龙江县、讷河市、塔河县等，皆因同名河水流经而得名。

除江河之外，湖泊也有许多称谓，湖、泽、渊、潭……池也是湖的名称。黑龙江的五大连池市正是得名自五个“池子”组成的熔岩堰塞湖五大连池。吉林长白山天池、云南滇池等皆以池名湖。此外，“海”在古时是对水面平阔的湖泊的称呼。青海就得名于其境内的我国第一大内陆湖，也是最大的咸水湖——青海湖，其深不见底的湖水、湛蓝的色彩也很容易让人联想到大海。许多神话传说都与青海湖有点关系。相传西王母的瑶池便是青海湖，也有说《西游记》中的西海便是在此，由此联想，剧情中变作白龙马的西海龙王三太子敖烈的故乡也在这里。青海湖的脱尘绝俗也与它的形象颇为吻合。除了省名，青海的海东市、海南藏族自治州、海北藏族自治州、海西蒙古族藏族自治州也都因青海湖而得名。而位于湖东北方的海晏县，名字中则有海晏河清的美好寄托，尽管此海非青海，却无形中道出了水、江河在中国文化中的深远内涵。

“一条大河波浪宽，风吹稻花香两岸”，如歌声所传达的情感一样，每个人心中都流淌着一条故乡的河，而这些与河流有关的地名就是一张张无形的船票，每每提到它们，总能带你从思乡的这头，抵达故乡的那头。

文 / 王静

金石为开

最简明的中国矿物分布图

“中国矿产，富有既如是。故帝轩辕氏，始采铜于首山，善用地也。唐虞之世，爰铸金银铅铁。逮周而矿制成……”这是鲁迅先生1906年与顾琅合著《中国矿产志》的开篇文字。此时世上还没有鲁迅，只有周树人，这是时年25岁的青年周树人出版的第一本书，也是我国第一部地质矿产专著，晚清政府农工商部对其给予了很高评价和认可，又被清朝学部批准为“国民必读书”与“中学堂参考书”，出版8个月内便再版、三版。从这个意义上讲，这是中国人认知地质矿产的第一部现代科普专著。

正如鲁迅在这部开山之作中所表述的，矿产自华夏文明之伊始便与中国历史相生相伴。无论是频繁用于礼制与装饰场合的珠宝、玉石，还是冶铸吉金（青铜器）的原材料铜铅锡、冶炼铁制品及锻打钢材料的铁、百姓生活调味所需之盐、建筑壁画所需之矿物质原料、自古以来便属于硬通货与装饰品而受到追捧的金银，均点缀在华夏大地的地名里。它们共同构成一幅最简明的中国矿物分布图，与中国历史同呼吸共命运，并在历史舞台上散发出“金石为开”的光芒，当然也离不开各族人民共同开发祖国大好河山的“精诚所至”。

吉金耀目

自地中海沿岸的西亚地区经由中亚传入中原的青铜冶炼技术，为夏商周三代带来了以青铜器为核心的祭祀与作战用器。在那个“国之大事在祀与戎”的上古时代，冶铸时按照不同比例混入铜、锡、铅的青铜器，最初闪耀着稍微发白的金色光芒，它们在夏商周的大名其实是“吉金”，一种在作战时可以大量装备且相对称手的兵器，也是一种在祭祀时可以比拟黄金却又硬过黄金的礼器。

夏、商、周乃至之后的春秋五霸、战国七雄，无不是青铜器冶铸的佼佼者，谁掌握了青铜器冶铸的原材料与大作坊，谁就能掌握天下或局部的霸权，这就是青铜时代的本质。在冶铁技术尚未成熟之前，能够根据比例调整刚性与柔性的青铜器冶炼技术，无疑是 2000 多年时空里东亚大陆的核心技术。青铜冶炼在当时的战略价值，甚至可与核技术、精确制导技术之于今日世界的战略价值相提并论。

更为重要的一点是，中国古代对于铜的大量运用，绝不仅仅停留在青铜时代。其实在整个中国古代历史中，从最早的铜贝开始，到春秋战国时期的刀币、布币，再到秦汉以后 2000 余年的圆形方孔钱，它们的主要材料都是“铜”。也就是说，青铜冶炼所需的铜锡铅组合在铜贝之后，就成为古代政权货币政策的关键，更在铜钱大量流行的周代以后近 3000 年间，主宰着整个中国古代的经济。控制了铜矿，再加上相对需要量较小的锡矿、铅矿，甚至就能控制铜钱发行区域内的经济。

铜矿资源在中国境内主要的高山丘陵处均有分布。据国土资源部矿产资源储量司在 2001 年底的统计数据，铜矿资源主要分布在江西、云南、湖北、西藏、甘肃、安徽、山西、黑龙江等省区，这八省区的基础储量约占全国总基础储量的 76.4%。从历史角度看，夏商周三代中原政权青铜冶炼所需的铜原料主要开采自山西、河南、陕西三省交界处，以及湖北、安徽、江西三省交界处。

山西省境内的绛县、新绛县，名称虽然屡经变动，其得名源头还是如今绛县与曲沃县之间东西走向的绛山。绛山，今名紫金山，自古以来就富含大量铜矿、金矿，山色也因此而呈现绛紫色，因而得名绛山。绛山及其南部的中条山所富含的铜矿，配合绛山北部吕梁山与太岳山中的煤矿，共同为青铜冶炼提供了充分的原材料。绛山铜矿、金矿支撑起了夏商王朝对于黄河中游地区的野心与争霸，也支撑起了西周、春秋晋国与战国魏国的霸业，绛县的西吴壁遗址与曲沃的曲村天马青铜冶炼作坊便是绛山当年荣光的例证，晋国甚至一度以“绛”作为国都的代称。

在全国各地，很多铜、金、铅、锌的矿产地，都会根据其颜色而被命名为紫金。其中广东省的紫金县，算是最为晚近却又唯一获得“紫金”称号的县份。它在 1914 年之前的老名字其实是永安县，只

孔雀石矿石，湖北大冶铜绿山采集。湖北省大冶市境内有着持续开采时间最长的古铜矿——铜绿山，金、铁资源也相当丰富。它是在矿产之利受到极端重视的南唐时期，在“青山场”的基础上正式改制为县，并改名为“大冶”的，取“大兴炉冶”之义。

不过叫“永安”的实在太多了，这才在民国初年的行政区划重名大调整中，选取了县境内产铜、金诸矿的紫金山作为县名。位于福建省龙岩市上杭县的紫金山金铜矿，虽然贵为中国第一金矿、第二铜矿，却因开发较晚，县名与“紫金”失之交臂。江苏南京的著名山岳紫金山（又称钟山），便是因金铜矿产而得名，南京最初的名字金陵邑，或许便是楚威王设置在此的金矿开采城邑。

安徽省铜陵市以铜而兴、因铜得名，素有“中国古铜都，当代铜基地”之称。铜陵地区采冶铜的历史始于商周，盛于汉唐，延绵3500余年。它原名义安，正是因为从商周到汉唐的采铜历史过于悠久绵长，五代十国时期的南唐统治者，干脆就在义安县城以外官方管理铜矿开采事务的铜官城，设置了新的县城，并直接命名为“铜陵”，足见其铜矿之富。铜陵市的铜官区便是当年铜官的居城所在，也是铜陵铜矿之铜官山所在。

湖北省大冶市境内有着持续开采时间最长的古铜矿——铜绿山，金、铁资源也相当丰富。它是在矿产之利受到极端重视的南唐时期，在“青山场”的基础上，正式改制为县，并改名为“大冶”的，取“大兴炉冶”之义。在近现代历史上，大冶也是张之洞所创建的中国第一个跨区域钢铁煤联合企业——汉冶萍煤铁厂矿股份有限公司的大冶铁矿所在地。从铜绿山到大冶铁矿，大冶见证了从上古青铜霸业到古典金铁帝国，再到近现代煤钢联盟的全套金属冶炼史流变。从大冶分立而出的黄石，本名石黄工矿区，原为大冶市境内的一个工矿大镇。石黄之名源自当地石灰窑和黄石港的合称，石黄镇之所以变成了黄石市，还是因为黄石港是整个大冶最好的长江港口，运输条件极好，这才从大冶分立出来。黄石港也便取代了石黄镇，成为黄石市的统名。而推究黄石港的来历，无疑也与运出发黄的矿石有关，硫化铜（黄铜）、硫化铁（黄铁）以及雄黄（石黄）均是“黄石港”的出产物。

江西省瑞昌市在地理上作为江西省西北省界边县，与大冶市只隔了一个阳新县。在历史上，瑞昌长期作为柴桑、浔阳（今九江）的辖地并未独立存在，但其境内夏畈镇的幕阜山东北角有一座铜岭。瑞昌铜岭遗址现存商代中期至战国早期的大量铜矿组成要素，有露采坑、矿井、巷道、选矿场、工棚等百余处，铜、石、竹、木、陶质采矿工具和生活用器数百件，其年代之早、保存之好、内涵之丰富，为古代矿冶遗存所罕见，也是与大冶铜绿山一样受到商周王权与楚国霸业青睐的铜矿。它们产的铜，甚至一度成为四川广汉三星堆古蜀文化、江西新干大洋洲虎方文化、湖北武汉盘龙城夏商文化的主要铜料来源。瑞昌地界设县之前在盛唐时期是浔阳县的“赤乌场”之所在，与大冶前身“青山场”一样，这里的“场”是唐宋时期用来监管矿产生产的专设驻矿机构，“赤乌”则是“红黑”两色，应是对瑞昌铜铁矿石颜色的指称。随后，也是在南唐时期，赤乌场如前文提及的铜官山、青山场那般，升格为县，并且因其矿产丰富而得了一个“祥瑞昌盛”寓意的县名——瑞昌。

铜陵市、铜官区、大冶市、黄石市、瑞昌市，身处桐柏—大别山脉（鄂皖界山）与罗霄山脉（湘赣界山）在长江两岸遥遥相望的河段南岸，虽然在行政上分处安徽、湖北、江西三省，但在地理上却均处于长江上游与中游的分界点东西两侧，这里就是前文提及的自夏商周以来便获开采的铜矿富集地。这片地域山河交错，山中富产铜铁铅锌的同时，还能通过长江、汉水组成的黄金水道，经转襄阳盆地，对接汝水、颍水、淮水，继而进入中原腹地。夏商周三代之所以会有虞舜、大禹、周昭王、周穆王的南巡或南征，以及楚人与汉阳诸姬的南迁、湖北黄陂盘龙城的修筑，均是为了争夺上述地域铜矿以及附近锡矿、铅矿的控制权。

铅矿的分布在国内尚属均匀，一般与锌矿伴生。云南、内蒙古、甘肃、广东、湖南、广西六省区虽然占到全国铅锌矿的 64%，但在其他省份也有均匀分布。然而，以铅为名的县份并没有在上述六省区出现，反而出现在江西省东北部上饶地区的铅山。这是因为铅山县恰好处在武夷山北麓余脉与赣江支流信江相邻的位置，使其能够借信江—赣江—长江水道，通过水运这种人类社会古往今来最为廉价的大宗矿产运输方式，与大冶、瑞昌等青铜时代铜矿开采中心形成“产业链”，就近完成铜、铅开采到青铜合金冶炼的全过程。最终供给南方各大青铜文明，甚至影响中原地区的夏商周霸权。

有趣的是，铅山之山名其实已经得名很久了，但铅山县的设置则是晚到了南唐时期。注意，又是南唐——那个后主李煜掀起有宋一朝 300 余年诗词新风的皇帝所主政的南方十国之一。或许也是唐宋之际，南方经济的发展越发成为割据政权乃至日后元明清政权依赖的财源，这才会一反之前的山川、圣贤、阴阳、方位、道德寓意之常态，反而大量依据矿产，名副其实地命名原本的“矿场”吧。

今天关中平原北部的陕西省铜川市很可能是一座单一矿产枯竭的城市。秦汉时期的铜川名叫祋祤县，十六国时期因其境内“铜官川”的存在而设置铜官护军，北魏时期设置铜官县，虽然日后被改名为同官，但“铜官”之名无疑与铜陵的铜官山一致，均是官方监管铜矿的驻矿机构，铜官护军很可能是十六国统治者派出的监矿建制。铜川市境内如今没有铜矿，极有可能是一个最终“无铜”的铜川。

除了上述长江、黄河流域的铜山外，淮河流域还有一处铜山，它在徐州市铜山区，得名于北部微山湖内的铜山岛，一座自汉代便进行开采的铜矿源地。如今的徐州也分布有大量铜矿。对于铜的青睐，也不仅仅局限于汉语地名之中，西藏的桑日县，在藏语里便是铜山之意。

金银珠玉

金器、银器、珠宝、美玉是中国古代除被称为“吉金”的青铜器之外的四大奢侈品，上到王公贵族，下到商贾百姓，熙熙攘攘，对于金银珠玉的追求，遍及历代士农工商。那些能够出产“金银珠玉”的地方，自然也会在大地之上留下与“金银珠玉”相关的地名印记。耀目好看、状态稳定、易于分割、相对稀有的金银器是全世界古往今来最为悠久的硬通货，它们长期作为高保值金属，通行于古代社会的各大文明之间，作为货币、装饰物活跃于人类社会之中。

中国开采历史最为悠久且储量最大的金矿，在山东半岛东部的烟台、招远、莱州、淄博一带，但山东半岛的地名绝大多数受到先秦古国、儒家文化、仙山信仰的影响，金似乎在区县、地市两级地名中运用得并不明显。但如果我们下沉到乡、镇、村，就会发现大量以金山、金城命名的村镇。四川省西部阿坝藏族羌族自治州下辖的金川县、小金县，因其地处于出产黄金的大金川与小金川之中，自隋代以来便“以金为名”。清乾隆年间因改土归流而引发的大小金川之乱，就发生在此处。在大小金川东南的云贵高原，有一座名唤“金沙”的县。它的得名，一方面来自当地“金宝屯”与“沙溪坝”各取一首字的合称，一方面“披沙拣金”“淘沙见金”也是富含金沙的河流中常见的淘金开采模式，“金沙”之名便是对此处淘金模式的致敬。另外，长江上游江面之所以叫“金沙江”，也是因为其江水中可以淘金。西南地区的“金子”地名，似乎更多地与“川、沙”等水中淘沙的因素相关，应当也是金子来源与开采方式所决定的。

提起淘金，清末民初的闯关东大潮在一定程度上也是“淘金潮”。很多东北地区的“金”字地名，往往也与“淘金潮”相关。比如 2019 年刚刚由金山屯区与西林区合并而来的黑龙江省伊春市金林区，其前身之一的金山屯区，就是东北淘金热在区县级政区中的体现。金川、金山、金城、金河、来宝等村镇名称，大多也与这波淘金热紧密相关。

江西省南部的革命圣地瑞金市，原属雩都县象湖镇，在唐朝天祐四年（907 年）因“掘地得金”而设置“瑞金监”，从事官方监管下的黄金开采。最终随着开采规模的扩大、外来人口的涌入以及市镇聚落的壮大，在南唐保大十一年（953 年）设置“瑞金县”，也算是南唐政权发展矿业，进而充实国库的一贯政策了。

在祖国大西北的阿尔泰山脉、阿勒泰地区，也是自古以来的金矿开采区域，活跃于亚洲内陆的斯基泰人、塞人就是阿尔泰山淘金的“忠实用户”。阿尔泰山自汉朝进入中原王朝视野后，就一直被汉文史料记载为“金山”，阿尔泰与阿勒泰也是蒙古语对于金山的称呼，而蒙古语也是继承自匈奴、鲜卑等北方游牧族群。

比起黄金，白银在地名中的留存就相对少了一些，在区县、地市两个层级里，辽宁省铁岭市的银州区应该是全国唯一以“白银之银”作为地名的地市区县了。铁岭自古以来就是金、银、铝、锌、铁、石灰石、煤等矿藏的开采地，尤其是在渤海国、辽、金时期，依托东北而建立的割据政权对铁岭进行了重点发展。渤海国在此设立富州、辽朝在此设立银州与富国军，均是对其煤铁金银资源的官方认证，辽朝的银州很有可能就是在银矿基础上发展而来的。

至于另外两个“以银为名”的城市，其得名并非因为白银本身。甘肃省白银市成立并得名于 1956 年，虽然作为我国规模最大的多品种有色金属工业基地，但当地并不出产白银。白银极有可能来自蒙古语的音译，取“富饶”的含义，也被音译为“白音”“巴彦”。宁夏回族自治区的首府银川市之名，也是因为其境内的黄河水、盐碱滩、湖泊往往泛着银白色的光芒。在冬天，贺兰山的积雪、宁夏平原的落雪、黄河水面的冰封，又会让整个大地银装素裹一番，这才得名“银川”。与“银川”相似的，还有江苏省淮安市的金湖县，“金”在这里只是所在地大湖湖面泛起的金光，顺带也包含鱼米之乡的富饶之

日照“金山”阿尔泰山，祖国大西北的阿尔泰山脉自古以来就是金矿开采区域，活跃于亚洲内陆的斯基泰人、塞人是阿尔泰山淘金的“忠实用户”。阿尔泰山自汉朝进入中原王朝视野后，就一直被汉文史料记载为“金山”，阿尔泰是蒙古语对于金山的称呼。

意，这才被周恩来定名为“金湖”。

金银的光芒作为富饶的象征，而被引入地名，本质上并不一定与“金银矿藏”有关，但光泽被用来指代金银出产，则也有可能是因为金银矿藏。如福建省的光泽县，便是在初唐之时，因为其地产银品相良好、光泽颇佳而被称为光泽乡，并在北宋初年升格为县。

除了金银以外，珠宝与玉石也是颇受中国古人欢迎的奢侈品。因珠得名的地点在我国地市区县中，主要有安徽省蚌埠市与广东省广州市海珠区：蚌埠市凭借身为河蚌珍珠产地而得名。起初的蚌埠只是一个乡镇，因为近代津浦铁路的开通而一跃成为地区中心，取代了历史时期的固镇、怀远，甚至凤阳等县。

广州市的海珠区，以及广州湾附近的珠江，都得名于江口海珠石的传说。这个海珠石的来历神话色彩颇为浓厚。据传，唐代波斯商人试图带走一颗精美的海珠，却不慎将其掉入江中，化作海珠石，这才有了珠江与海珠区的名号。不过，剥去故事的神话色彩，大湾区及其附近的湛江、合浦一带，本就是我国历史上重要的珍珠产地。明代屈大均甚至在其著作《广东新语》中指出“西珠（来自欧洲殖民者统治的东南亚）不如东珠（来自日本朝鲜一带），东珠不如南珠（中国广东到越南之间海滨出产）”。广州湾虽非南珠的核心产地，但其一向是岭南地区的交通枢纽，海珠区及珠江很可能是因其“珍珠”交易与运输中心的地位而被命名。

玉石是中国以及部分太平洋沿岸文明颇为钟情的一种奢侈品，玉

玉龙喀什河，因出产和田玉，又名白玉河，位于新疆和田以东4千米处，河里盛产白玉、青玉和墨玉，自古以来是于阗出玉的主要河流。“和田”在古代被叫作“于阗”，二者都是不同时期上古汉语与蒙古语对古代于阗语中“美玉的土地”的音译。

璧、玉琮、玉璋等玉制品甚至被自良渚文化、红山文化以来的中华文明用在祭祀与丧葬环节，“温润如玉”也成为对君子德行的至高评价之一。我国古代的四大美玉，和田玉、蓝田玉、岫玉、独山玉，其中的三个都与如今的地名密切相关。

和田玉主要产自新疆维吾尔自治区和田县。“和田”在古代被叫作“于阗”，二者都是不同时期上古汉语与蒙古语对古代于阗语中“美玉的土地”的音译。或者说，于阗国与和田县本质上就是当地土著百姓对于家乡美玉的至高称赞，甚至可以说是以“玉乡”“玉国”自居。陕西省蓝田县的“蓝”，很有可能就是对其地出产蓝田玉呈碧绿色调的指代。蓝田，本质上也即“蓝玉之田”，古人对于蓝的认知，从来都是从属于“绿”的，蓝与绿往往都被用来描述“青”这种色调。古人眼中的蓝，往往与我们今天认知的碧绿相近。岫玉出产于今天的辽宁省岫岩满族自治县。岫字本义为“光滑的山体”，岫岩其实就是“光滑山石”之意，光滑无疑也是玉石的必备特征。综上，除了产自河南南阳的独山玉之外，四大美玉中的三大美玉都在现存区县级地名中留下了它们的魅影。

昆仑山是我国古代玉料出产的一大重要来源地，昆仑山玉矿脉附近除了和田县以外，还分布着墨玉县、喀什市两大“以玉为名”的城市。墨玉县曾一度被叫作喀拉喀什，在蒙古语中也是“墨黑之玉”的含义，可见此地的“墨玉”印记也是相当深刻的。喀什在蒙古语中的含义是“玉石汇集”。中国传统文化认为昆仑山是仙山，玉器又被古人认为可以不朽不腐并与祭祀升仙密切相关，所以汉武帝才会把传说

小方盘城遗址，位于甘肃敦煌城西北 90 千米戈壁上、疏勒河南岸，始置于汉武帝开通西域道路、设置河西四郡之时，因西域输入玉石时取道于此而得名玉门关。

中的昆仑山，定位到如今新疆南部的高山。昆山与玉的互动，又在江南地区留下一处案例，那就是江苏的昆山。昆山在秦汉时期本被叫作“娄县”，昆山之名完全是因为当地出产美玉，而且正处于大江入海口附近，烟波浩渺，完美符合了蓬莱仙山与昆仑玉山的双重仙山形象，因而被附会成了“昆山”。与昆山相似的，还有一处灵璧县，在安徽省宿州市，也是因为出产美玉美石，而被仙灵气息浓厚的“灵”与玉器当中用来礼天的“璧”组合起来命了名。

昆仑山玉矿脉对于中原文化的影响相当深远，丝绸之路的前身就是玉石之路，也即新疆地区玉矿输入中原的贸易路线。在这条玉石之路上，甘肃省的玉门市、玉门关，就是当年玉石贸易的见证。玉门者，玉石输入之门也。与金银相仿的是，也有不少地方并不产玉，却因“玉”本身的吉祥富贵寓意而被用作地名，比如江西省的玉山县、台湾省的玉山、四川省的白玉县等。

民以食为天，食以盐为天

如果说青铜吉金与金银珠玉还是古代社会上层人士把玩、鉴赏、收藏、保值、统治的必要宝器，那么食盐与铁器则是华夏农耕文明保持社会基层稳定运转的必备矿藏。兴修水利、耕田种地都离不开铁器，士农工商各行各业想要干活有劲，更离不开食盐，把盐铁视为近2000年间农耕帝国的基石都不为过。

所以，我们能够看到历代封建统治者对于盐铁专营都相当重视。不论是早期秦汉帝国以来的盐业官方专营，中期唐宋帝国的盐铁场务经营，还是晚期明清帝国源自盐商的晋商徽商，盐始终是事关百姓饭桌的头等重要调味料，更是古代政权管控经济社会的有效手段之一。

我国古代大抵有“海盐”“井盐”“池盐”“岩盐”四种开采方式。海盐一般在沿海地区煮海为盐，长芦盐场、苏北盐场、莱州湾盐场、辽东湾盐场、莺歌海盐场、布袋盐场是我国规模较大的海盐盐场。苏北盐场附近有江苏省盐城市及盐都区，长芦盐场附近有河北省盐山县，布袋盐场附近有台湾省高雄市盐埕区，另外还有深圳市的盐田区、浙江嘉兴的海盐县直接因其境内存在海盐盐田而得名。福建省石狮市之所以命名为石狮，则是因为生产海盐的人常常在一座石狮附近集中，石狮镇遂成为附近海盐交易的中心，因而得名。

“井盐”类地名多出现于云贵川地区，比如云南省昭通市的盐津县，既有井盐，又有津渡，因而得名盐津。又如四川省的自贡市、自流井区、贡井区、井研县、盐亭县、盐源县、盐边县，全部都因通过打井的方式抽取地下卤水制成的井盐产地而得名，均与当地密集的井盐生产直接相关。

池盐地名主要留存有宁夏回族自治区的盐池县、山西省运城市的盐湖区，青藏高原地区的各种柴旦、柴达木（藏语盐泽之义），三者都是盐湖中围起堤堰通过晾晒制盐的典范，是内陆西北地区低成本制盐的主流方式。

盐泽之利自古以来就被封建王朝所垄断，所以也有不少地名其实是源自封建王朝派驻在盐场的官署。比如四川省富顺县，本是江阳县的地界，在北周天和二年（567 年）因盐设县，以富世盐井为富

山西运城盐池风光。盐湖中围起堤堰通过晾晒制盐，是内陆地区低成本制盐的主流方式。古时此处盐业发达，元朝时在此设盐运使司，故名“运城”，而其下辖的盐湖区便是因境内有盐湖得名。

世县，后来先后改名富义、富顺。这里的“富”字显然是“因盐而富”。湖北省监利市，本来也是东汉、关羽与孙权统治时期设置在此地用于监理渔盐之利的派出机构，在东吴黄武元年（222 年）设监利县，也与盐业官营有关。

江苏省东台市、广东省东莞市，原本都是汉唐时期派驻在其地盐场的东台监、东官监，均为海盐监理机构。深圳宝安区的前身新安县，就是在东吴司盐都尉垒的基础上发展而来的，而这个司盐都尉垒就是后来东晋东官郡的郡治，也即如今的南头古城。山西省运城市，本为用来监理池盐湖的盐运司驻地，运城其实就是“盐运司城”的简称，运城逐渐取代河东成为地级市名，也算是当地古代官营盐业发达的一大生动例证了。

宝藏、兴盛与利益

还有一些地名，看上去更像是充满美好寓意的吉祥话，体现着古人向往兴盛富裕的朴素心理，细究起来却发现背后也是有“矿藏”支撑的。或者说，这些地名其实是古代士大夫阶层试图在当地矿藏开发过程中，将老百姓对于致富的朴素追求予以文雅化、道德化，赋予了一定价值观的表现。

河南省宝丰县，因其在北宋末年拥有白酒酿造作坊、汝窑官窑烧制作坊、冶铁工场而被以宋徽宗为首的北宋朝廷御赐“宝丰”名号，取“物宝源丰”之意。四川省宝兴县盛产大理石、石膏、钾、煤炭、铅锌、铜镍、锑、金、锰、玉石等矿产资源，1930 年建县时便取“宝藏兴焉”之意，二者都是基于当地丰富的矿藏珍宝，把老百姓对于富裕兴盛的朴素追求附随其间。诸如此类，湖南省慈利县、江西省上饶市、云南省富源县、山东省利津县，也都是源自当地士民百姓对于丰饶物产的朴素致敬。它们与那些昭示着当地丰富资源的地名一样，都是对大好河山与仁慈大地向生民百姓的慷慨厚赠的质朴礼赞。

文 / 寒鲲

以鸟兽草木之名

动植物主题下的地图之旅

著名历史地理学家侯仁之在其著作《中国古代地理学简史》中写道："在原始公社时期，人们对于其生活的地区，必须有一定的认识，才能生活下去。最初，他们必须知道到什么地方去捕鱼，到什么地方去打猎，到什么地方去采集作为食物的果实和块根，等等。这就是历史上所说的渔猎时代。"自人类祖先离开相对安全的高树，在非洲大草原开始直立行走之时，寻找野生动植物充作口粮，便成为人类不断探索和拓展活动空间的主要动力。在这个过程中，以某种动物或植物标记某地的方式或许便已经存在。

虎鹿同游

在众多被标记在地名之上的中国野生动物中，老虎或许是最令人瞩目的一种。毕竟生活在东亚广大山丘丛林之中的东北虎、华南虎长期占据着食物链的顶端。一时无力与之争夺生存空间的人类，只能将其所生活的区域划定出来，并以“虎”之名冠之，以警示同类不要轻易靠近。

今天的人们或许很难想象，人口高度密集的长江三角洲地区，历史上曾是华南虎的狩猎场。而在当地方志和文人笔记中，更处处可见老虎的身影。如宋代学者周密的《癸辛杂识》中便有“近岁平江虎丘有虎十余据之”的记载，可见如今已是名胜古迹的苏州“虎丘”在宋代仍是名副其实的“有虎之丘”。杭州西湖之畔的灵隐山，同样曾因“异虎出焉”而被称为“虎林”，只是唐代为了规避唐高祖李渊之父李虎的名讳才被改称为“武林”，后又多以“灵隐”称之。

但自明清以来，随着人类的大肆捕杀，江南老虎到清代中期时已几近消失。至 20 世纪 90 年代，全国几乎找不到野生华南虎的踪迹了。只有遍布江南各地的 100 多个带有“虎”字的地名，提醒着人们虎啸江南的往事，诉说着人们对老虎既爱又怕的复杂情感。“虎林”名字也一路向北，最终迁徙到了东北边陲的完达山南麓。

有趣的是，清光绪二十八年（1902 年）始放荒开垦，如今的黑龙江虎林市，其实并没有老虎。只是因为其比邻乌苏里江，当地赫哲族居民以满语中意为“沙鸥云集之所”的“稀忽林”为其命名，此后逐渐音转为“七虎林”，并最终被简化为“虎林”。而今天东北真正的“虎林”，则是位于黑龙江省牡丹江市海林市的“横道河子东北虎林园”。

与令人敬畏的老虎相比，同样曾广泛分布于华夏大地之上的梅花鹿因性情温顺、体态优雅，而一度被视为瑞兽。汉武帝时代更出现了以上林苑白鹿的皮革为原料、价值 40 万钱的“白鹿币”，让鹿与财富和地位画上了等号。浙江省温州市鹿城区的得名就和白鹿有关。相传东晋太宁元年（323 年），文学家郭璞筑永嘉城时，有白鹿衔花穿城而过，是为瑞兆，亦称“白鹿城”。麋鹿曾广布于东亚地区，它不仅是先人狩猎的对象，也是宗教仪式中的重要祭物。老子故里在隋代由“武平”更名为“鹿邑”，因其在春秋时就是陈国的鸣鹿邑，以境内麋鹿众多，常有鹿鸣而得名。

被古代围猎“训练”出的鹿群反应敏捷，捕猎时，常常需要严密的指挥和配合，捕猎者还时常会因猎物的归属而引发冲突。是以，“逐鹿”又成为群雄并起、割据争雄的代名词。中国历史上与鹿有关的几个较为著名的行政区域似乎都不同程度地与战争有关。比如今天归属于河北省张家口市的涿鹿县，相传便是上古之时黄帝与蚩尤展开对决之所在。而位于邢台市辖区内的巨鹿县，则是项羽破釜沉舟大败秦军主力、一举奠定胜局的古战场。巨鹿，也就是古代的“大陆”（也作“大麓”），因大陆泽得名。而在自然与历史的共同作用下，本因境内“白鹿泉”得名的石家庄市鹿泉区，却因“鹿”与“禄”同音，一度在安史之乱中被改名为“获鹿县”，以取擒获安禄山之意。

羽鳞寄情

除了虎、鹿等走兽之外，飞禽的栖息地也同样常被用于命名地方。比如地处江西省中东部的鹰潭市。一般认为，鹰潭地名的由来就是因为当地有一处深潭，许多老鹰经常在这一带盘旋，“涟漪旋其中，雄鹰舞其上”。

位于今河南省北部的鹤壁，古称朝歌，这里不仅是商朝武丁、武乙、帝乙、帝辛四代君王的王宫所在地，更是自西周至战国时卫国的首都。而鹤壁之名，据说便是源于卫国第 18 代国君卫懿公在宫廷西北等处养鹤，“鹤栖南山峭壁”。卫懿公玩物丧志，给鹤封官，给鹤配车，最终赤狄攻打卫国时士兵不肯抵抗，卫懿公战败被杀。近代以来，由于当地丰富的煤炭资源，1957 年 3 月，鹤壁建市。

有趣的是，同样是因“鹤”得名、因煤而兴的另一座城市“鹤岗”，一度也被世人望文生义地理解为是“鹤立高岗”之地。但经学者考证，鹤岗的名字应该是来自当地脱胎于满语“湿地”之意的赫里河（也有说法来自赫哲语“赫克”，意为“满意”），此后经过不断音转变为了“鹤立冈”和“鹤岗”。“鹤岗”的由来或许与鹤无关，但中国版图之上还有两座看似与飞禽无关的城市在传说中“因鸟得名”，它们便是地处江苏北部的睢宁和四川盆地西缘的雅安。

相传古时睢宁生活着许多短尾鸟，古人统称短尾鸟为隹。周王巡视当地时，眼见波光粼粼的河面之上隹鸟飞翔，心情愉悦之下，便将目睹隹鸟一事，化为目与隹合而成的“睢”。是以，这条隹鸟云集的河流便被称为“睢水”。此后又因睢水连年泛滥，人们期盼安宁，才在 1218 年改称其为睢宁县，取“睢水安宁”之意。

而关于雅安地名的来历，学术界则有两种不同的说法。有部分学者认为，“雅安”二字来自羌语“五头牦牛”的音译，“雅”为“牦牛”，“安”为“五”。但也有学者认为“雅安”之名来自附近“雅鸟群居”的“雅安山”。“各种雀鸟呼朋引伴、筑巢安居、群飞欢聚”，是以才有了“雅致安宁”之意的“雅安”之名。

与睢宁、雅安这些“以鸟为名”的城市展现出来的淡雅和文化底蕴相比，与鱼类和水产有关的城市则大多因渔获而得名。其中最为著名的或许便是今天隶属于辽宁营口的鲅鱼圈区。据说鲅鱼圈本是清康熙年间崛起的沿海村庄，因当地海岸线呈弧形，而各类渔获产量之中又以鲅鱼最多，因而便被唤作“鲅鱼圈”。

山东的鱼台县之名来自《春秋》“鲁隐公观鱼于棠”的故事。鲁隐公五年（前 718 年）的春天，有人传说棠邑有善渔者，总是能捕到最多最大的鱼，鲁隐公出好奇便决定前去观赏，不承想遭到了老臣臧僖伯的强烈反对。鲁隐公对臧僖伯的谏言置若罔闻，最终还是亲自赶往棠邑观鱼，并留下了观鱼台的遗迹，鱼台因此得名。虽然按照儒家的治国理念，鲁隐公棠邑观鱼的行为可谓“不务正业”，更有人认为鲁隐公前往鱼台实为私会情人，但是地处淮河流域南四湖水系的鱼台县水产丰富，却是不争的事实。

湖北嘉鱼县地名的由来同样源于当地渔业丰富。据清同治五年（1866 年）编撰的《嘉鱼县志》记载，当地比邻长江中游，“断岸孑立，砥柱江滨，夏月水涨时，拨起波涛中，有鱼跃之象”。又因盛产一种名为“子午鱼”的江鲜，最终被南唐后主李煜的爷爷李昪依照

《诗经·小雅》中“南有嘉鱼”一句，将地名从乡土味十足的“鲇渎镇”升级成了富有文艺气质的“嘉鱼县”。

鸡犬相闻

对于古代的平头百姓而言，虎、鹿、鹰、鹤等猛兽、飞禽显然都太过遥远，远不如活动于床前屋后的鸡鸭犬马来得亲切。于是乎，华夏大地上以家禽、家畜命名的地方可谓不胜枚举。

我国以鸡字命名的市县有4个，分别为：河北省鸡泽县，黑龙江省鸡西市、鸡东县，陕西省宝鸡市。其中鸡西市还有个鸡冠区，境内有一座鸡冠山，以山为界划分区域，西侧为鸡西，东侧为鸡东。此外，以鸡字命名的乡镇一级行政单位更数以百计。与鸡的受宠形成鲜明对比，同为家禽的鸭则略显落寞。目前国内以鸭命名的城市仅有“双鸭山”，因其市区东北部有两座卧鸭状的山峰而得名。

有意思的是，虽然牛、马作为家畜在人类农耕社会的生产中发挥了更大的作用，但其在地名中出现的概率却远小于鸡。与牛有关的地名多为乡镇一级，在中国近代史上赫赫有名的牛庄，如今也不过是辽宁省海城市下辖的一个镇。与马有关的地名虽然不多，知名度却要略高一些，如位于河南中南部、地处淮河上游丘陵平原地区的驻马店市，其得名有两种说法：一说是此地为明清时信使和官宦驻驿歇马的驿站；一说是此地原名苎麻，明代曾在此设驿站，由“苎麻”雅化为“驻马”。无论如何，这里自古交通便利、八方辐辏，其驻马投宿的客栈马店甚多是合乎情理的。

而位于今安徽东部、苏皖交会地区的马鞍山，直至 1956 年才设市。据称，其名来自境内山名，那么山名是不是仅仅因为形似马鞍而得的呢？事情没这么简单。相传项羽被困垓下，四面楚歌，败退至和县（今属马鞍山市）乌江，请渔翁将自己心爱的坐骑乌骓马渡至对岸，后自觉无颜见江东父老，自刎而亡。乌骓马思念主人，翻滚自戕，马鞍落地化为一山，马鞍山由此而得名。巧的是，以马而名的驻马店和马鞍山都不产马，真正因产骏马而得名的是云南省元谋县。傣语中“元”为飞，“谋”为马，合起来就是“飞驰的骏马”。

花果草木

植物作为人类主要的食物、药物来源以及天然饰物，长期以来都备受重视。我国历史上更不乏以植物命名行政区划的先例。

以花命名的如山东菏泽下辖的牡丹区、江西莲花县、湖南长沙芙蓉区等。被列为中国十大名花之一的桂花，更与广西桂林有着不解之缘。秦始皇统一六国之时，便因广西桂树成林而于当地设置桂林郡，至今广西仍盛产桂树。与桂花同为中国十大名花的梅花同样被运用于地名之中。除了隋开皇十八年（598 年）建立的湖北黄梅县——当地诞生出了享誉中外的“黄梅戏”，宋代因在广东与江西交界处大庾岭广植梅树，干脆把大庾岭改成了梅岭，并顺手将邻近的敬州改为梅州。

松、樟、桐、柳等树木也常被用于命名地方。如以松为名，全国便有松滋市、松溪县、松潘县、松北区等 9 处。江西古称豫章，本义

山东省菏泽市牡丹区，夕阳下牡丹花竞相绽放。菏泽古称曹州，清雍正年间以境内水系古“菏泽”命名。2000年，菏泽市牡丹区设立，因当地种植牡丹历史悠久，便以“牡丹”为其命名。目前，菏泽也是中国最大的牡丹生产、科研、观赏基地，牡丹的种植面积、科研培植、观赏出口均位居世界前列。

是指大的樟树。而今天在江西中部浙赣铁路与赣江交会之处，还有一个以中药材集散地知名的樟树市，自明清以来便流传着“药不到樟树不齐，药不过樟树不灵”的谚语。以桐树为名的有桐乡、桐城，以柳树为名的有柳林、柳州。

与梅、松并称为“岁寒三友”的竹，在中华传统文化中扮演着极为重要的角色，当然不会缺席于地名。湖北竹山县的名字于西魏时就存在，因境内有黄竹岭（黄竹山）而得名。有竹山就有“竹水”，竹山县西临竹溪县，因境内竹溪河得名。有竹有水的还有四川绵竹，境内有绵水，两岸多翠竹，故名“绵竹”。此外，四川大竹县也“以邑界多产大竹为名”。

当然，对人类而言，植物最显著的功用还是“吃”，许多地名对于“吃货”们来说无疑是一张天然食材地图。陕西米脂县有一条米脂水，其地沃野，宜于种粟（小米），米汁如脂，故名米脂。河北枣强县历史悠久，西汉景帝二年（前 155 年），分广川县地置枣强县，只因这里枣树生长茂盛，类似的还有枣庄。福建莆田气候温暖、水网密布，自唐代起荔枝种植渐多，早在 1000 多年前就有“荔城”之称，2002 年莆田调整行政区划时，因荔枝美景随处可见，故以古誉“荔城”为名设区。还有甘肃瓜州县以盛产蜜瓜得名。

不过，令人意外的是，湖北仙桃却和水蜜桃关系不大。仙桃古称沔阳、复州、沔州，据说明末李自成起义军欲攻沔阳，据此可扼汉江之喉、长江之颈。朝廷在沔阳设“仙镇哨”增兵驻防，后来成为一镇“仙桃镇”。为何叫仙桃？据说是因汉江和其支流锦瑞河在此间形成

甘肃省酒泉市瓜州县锁阳城古遗址，始建于晋，兴于唐，是我国目前保存较为完好的汉唐古城之一。2014年6月被列为世界文化遗产。

桃子形状的河间三角洲，三角尖端劈江分水，得名“尖刀咀”。后人觉得“尖刀咀”听起来不雅，取“尖刀”谐音为“仙桃”。

当然，也有一些地名乍看上去和植物关系不大，比方说云南省腾冲市。对其望文生义的理解是“腾飞冲天”，但实际上是因为其境内多藤，且地处滇西门户及交通要冲，才得名“腾冲”，唐朝亦称“腾充”“藤充”。地名之内，细细探究，大有意味。但无论是动物还是植物，这些被写入地名之中的生物都在一定程度上见证了人类社会的发展和进步，被寄托了丰富情感，成为人类历史记忆中重要的一部分。

文 / 赵恺

最古老的地名遗产

九州：华夏早期的地理探索

宋代著名词人陆游在给儿子的遗嘱诗《示儿》中不无悲痛地写道："死去元知万事空，但悲不见九州同。"此时，中国广大的北方地区已被金人占据，汉人的正统王朝南宋正潜身缩首于黄河以南，不思克复旧国。一生爱国的陆游死前仍然不忘故土，抱着"九州不同"的执念含恨而终。"九州"假如拆开来看，其意义仅是中国古代的地理名词，而当我们将九个"州"组合起来，"九州"就被赋予了超乎寻常的意义。它是中国的代名词，是古代中国人的全部已知天下，融入了华夏文化的深层，不断激起中国人心中的澎湃情感。

九州真的是战国时代的产物吗？

"九州"概念当然首先可指九个"州"。所谓"州"，《说文解字》释为"水中可居曰州"。换句话说，在上古先人的世界观里，大

位于陕西省延安市宜川县壶口瀑布孟门山处的大禹像。大禹脚踏巨型神龟，望向睡女峰的方向。相传大禹治水，便是在这里导水畅流，而睡女峰正是他的妻子化身而成。在中国古人心目中，天下被划为九州是圣王大禹的功劳。

陆不过是茫茫沧海中较大的海岛而已。

传说，“九州”并非先天存在。春秋时《左传》记载，晋国大夫魏绛曾引用作于夏代之前的《虞人之箴》：“芒芒禹迹，画为九州。经启九道，民有寝庙，兽有茂草，各有攸处，德用不扰。”意思是大禹划定了九州的边界，修筑了九州的贡道，让生民鸟兽各得其所，将九州概念的确定归功于治水的圣王大禹。《山海经·海内经》也说：“帝乃命禹卒布土以定九州。”无独有偶，既是中国最为古老的地理志，也是最早详细论述九州的文献记录《禹贡》，传说为大禹所作，用于标定九州地理物产。看来在中国古人心目中，天下被划为九州也正是圣王大禹的功劳。他在结束治水伟业之后，根据治水过程中观察到的地理、水文、物产、人文特点，以九州划分天下，成为万世之则，后人对此深信不疑。

近代以来，有学者对大禹划定九州一事表示怀疑，“古史辨派”泰斗顾颉刚在《州与岳的演变》中说：“《禹贡》的九州，《尧典》的四罪，《史记》的黄帝四至乃是战国时七国的疆域，而《尧典》的羲、和四宅以交阯入版图更是秦汉的疆域……”他认为九州之说产生于战国之后，是战国人托名大禹所作，反映的实际上是战国时期中国人探索大地的成果。

那么事实是否如此呢？

2002 年，北京保利艺术博物馆入藏了一件名为豳公盨的青铜器，盨上铭文为贵族豳公留下的训诫之辞，铭文开篇说：“天令禹敷土，随山浚川，乃降地设征。”意思是：“天命大禹规划土地分布，顺应

豳公盨（又名遂公盨、燹公盨），西周中期青铜器，高 11.8 厘米，口径 24.8 厘米，重 2.5 千克，椭方形，直口，圈足，腹微鼓，兽首双耳，内底铭文 10 行 98 字，现藏北京保利艺术博物馆。

山势，疏导河川，于是他根据地力不同设置各地贡赋的标准。”学者很快意识到，这一句铭文又与《禹贡》开头的那一句“禹别九州，随山浚川，任土作贡。禹敷土，随山刊木，奠高山大川”的表述极为相似。研究者因此认为豳公盨和《禹贡》可能拥有同一个源头。根据豳公盨的器形、纹饰和书体，学者将其所属时代定为西周中晚期。如此一来，豳公盨和《禹贡》这个共同源头的出现就应当不晚于西周中期。

当然，豳公盨的发现仅能说明《禹贡》中部分篇章撰写的时间要远早于顾颉刚推测的战国时期，并不能说明《禹贡》关于古九州的部分就真能追溯到西周时代。对此，我们需要继续寻找其他证据。

北宋宣和五年（1123 年），临淄发现了一套青铜编钟。编钟的所有者是春秋中期齐国的一位贵族，名为叔夷。铭文中说他是齐国统率三军的大将，从齐侯赏赐他的大量莱人仆从来看，他的主要功绩应该是率领军队在战争中大胜莱国。学界一般认为这与春秋中晚期齐灵公伐灭莱国的史事有关。齐侯在赏赐叔夷时说：“夷典其先旧，及其高祖，赫赫成汤，有严在帝所，溥受天命……伊小臣惟辅，咸有九州，处禹之堵。”原来叔夷出身于宋国公室，他的先祖正是商王朝的缔造者成汤，成汤伐夏成功之后，拥有了九州，继承大禹奠定的国土。这篇铭文的主角是齐灵公和叔夷，他们都是春秋时代社会最上层的贵族。他们在如此庄重严肃的场合，郑重地将九州和大禹联系起来，表明至少在春秋中晚期，九州的划定就已经与大禹联系起来了。

另一个证据出现在《国语》和《左传》中那个著名的“楚庄王问

鼎于周”的典故之中。楚庄王伐陆浑之戎，兵锋到达洛阳郊外，挑衅式地向前来劳军的王孙满询问九鼎轻重。王孙满以“在德不在鼎”相对，赢得了楚庄王的尊重。王孙满在回答中说道：“昔夏之方有德也，远方图物，贡金九牧，铸鼎象物，百物而为之备，使民知神奸。”就是说夏王朝刚建立之时，九个“牧”贡献了铜料，铸造了象征王权的九鼎。按旧时之说，九州的管理者即为“牧”。换句话说，王孙满认为，九州至少在夏初时已经存在了。王孙满是周王室贵族、周襄王之孙，他的知识应当可以代表春秋早中期周王室的认识，而楚庄王则是楚国国君，他对王孙满对答的认可也表明，在南方楚文化的知识体系之中，九州出现于夏初之前应当也是不需要讨论的事实。

不同“九州”观引发的起源猜想

综合来看，目前在春秋之前的甲骨卜辞、青铜铭文之中，并没有出现过“九州”或者其中具体某一州的称谓，而在春秋时期的文献中，“九州”虽已出现，却也语焉不详。仅以当前的证据来看，“九州”概念的出现至少不早于西周晚期到春秋中叶，也不会晚到战国时期。我们不妨保留这样一种可能性，即“九州”概念脱胎于更加原始的华夏地理观，其中的某些元素甚至可以追溯到大禹治水之时。到了春秋时期，随着周王朝的崩溃，诸侯国纷纷开始建立属于自己的地理观，“九州”终于从那些原始元素中被提炼出来，成为天下的代名词。《禹贡》的形成可能正反映了这样的历史，其最原始的文本与豳公盨同出一端，然后在春秋战国时代不断增删、修改，才形成了我们现在看到的《禹贡》。

这样的推论不无道理。按照《禹贡》的说法，天下九州分别是冀、兖、青、徐、扬、荆、豫、梁、雍。然而在成书于东周到西汉的文献《尔雅》中，九州又变成了冀州、豫州、雍州、荆州、扬州、兖州、徐州、幽州、营州。与《禹贡》版本相比，少了梁、青，多了幽、营。有学者认为“青州”和“营州”是一回事，读音相近，但是幽州在北方幽燕之地，梁州在南方四川盆地，两者南辕北辙。这表明即便到了西汉，九州的概念亦尚未完全确定。

又如上海博物馆收藏的战国楚竹简《容成氏》，经后人考证有：“舜听政三年，山陵不疏，水潦不湝，乃立禹以为司工。禹既已受命……禹亲执畚耜，以陂明都之泽，决九河之阻，于是乎夹州、涂州始可处。”这段记载表明战国楚人同样认为九州的划定是大禹治水的产物，甚至“陂明都之泽，决九河之阻”等与治水相关的文字与《禹贡》还有异曲同工之妙。然而《容成氏》所定的九州名称为“夹、涂、競、莒、藕、荆、阳、叙、且”，又与《禹贡》《尔雅》大不相同。我们不妨开个脑洞，或许当年楚庄王问鼎时所认识的“九州”就是《容成氏》版本，而王孙满所对的“九州”乃是《禹贡》版。总而言之，从《禹贡》《尔雅》《容成氏》三部文献中，我们可以肯定，至少在战国时期，“九州”中每个州的名字都还未完全确定下来。这表明此时的“九州”概念还相当稚嫩，一个以“九州”为中心的天下观还没有真正形成。我们现在看到的“九州”就是战国以降不断完善的结果，而非其初始的模样。班固在《汉书·地理志》中说：“殷因

《夏禹随山刊木图》页，出自《历代帝王道统图册》，清，陈书，绢本设色，现藏故宫博物院。描绘了夏王朝奠基者禹领导百姓疏通山川的场景。禹成功治理洪水灾害并分天下为九州，其子启建立了夏朝。

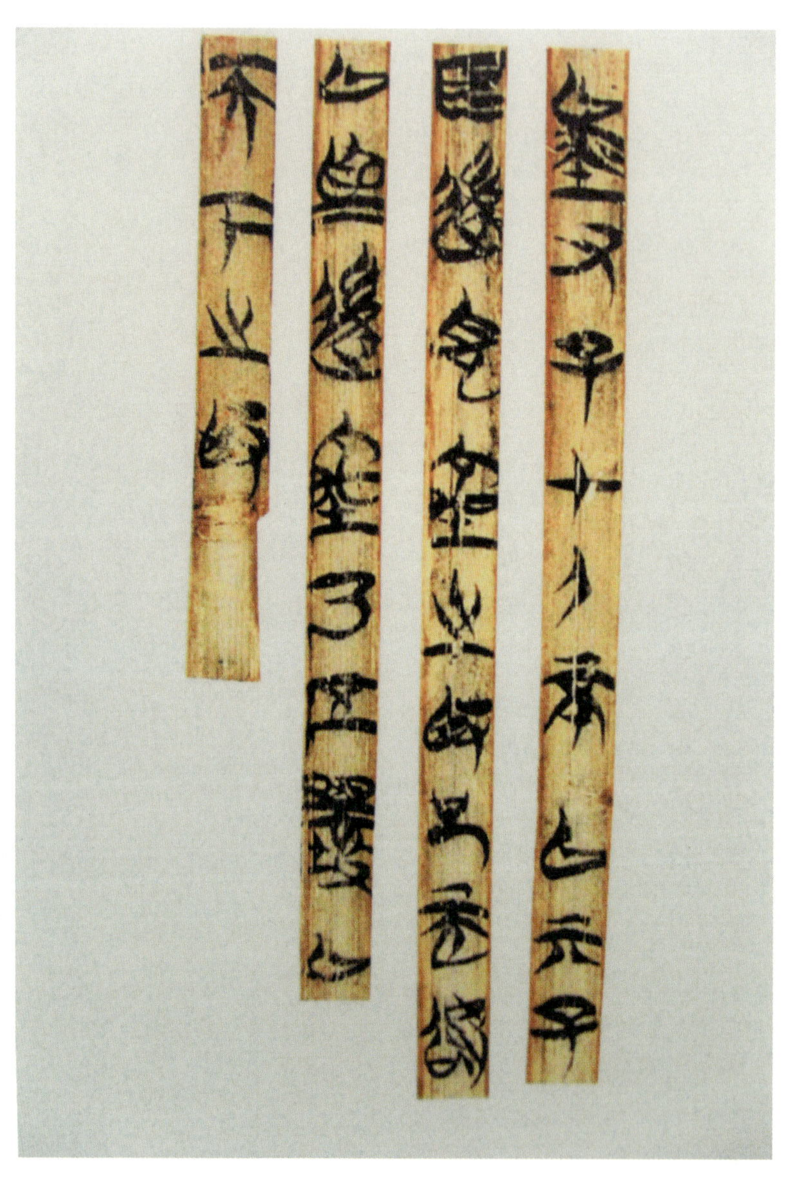

《容成氏》战国竹简，现藏上海博物馆。其内容证明了战国时期的楚人同样认为九州划定是大禹治水的产物。

于夏，亡所变改。周既克殷，监于二代而损益之，定官分职，改禹徐、梁二州合之于雍、青，分冀州之地以为幽、并。”这也表明，古人清楚地知道，九州概念也并非从来如此，而是伴随时代发展不断形成的。

九州的形成

实际上，当我们审视相关文献时，也不难发现“九州”概念承上启下的独特作用。在殷墟甲骨卜辞中，我们已经可以看到，最迟在商代晚期，商人已经开始用自己的方式描述天下地理。如著名的“四方风卜辞”就记载了东南西北四方神名、风名，表明商人已经熟练运用东南西北四方来描述天下。然而这种认识又比较粗浅，统治核心在冀南豫北的商人们对“大邑商”之外的土地并不熟悉，在卜辞中，尊贵的商王出征离开王都后，总是在道路上占卜吉凶，表明王都外的土地陌生而危险。因此，在商人的卜辞之中，我们看到的要么是如“周”“攸”“人方”等小地名，要么是笼统的“东土”“南土”等大地名，表明商人们对大邑商之外的大片地区并没有清晰的认识。

而在中国最早的地理类文献《山海经》中，人们对天下的认识又进了一步。在《山海经》的世界中，天下的核心是一片片群山，在群山之外为海内和海外，在海外之外则是广袤的大荒。不管是群山、大海还是大荒，都以东南西北四方作为区分。在记述群山的《山经》部分，记载的主要是各山物产、珍禽异兽和祭祀习俗，虽然仍有不少让读者感到不可思议的记录，但是总的来说，其记载的主要是地理和物产，较为朴素。而到了《海经》和《大荒经》部分，地理物产和珍禽异兽就退居次席，奇异的神话、神奇的古国、怪诞的神明开始占据大量篇章，从“地理志”变成了“志怪”。这或许反映了《山海经》时代的某些现实——地理书籍的作者努力想要把天下各地放在同一个框架之中，然而他们只对处于近处的群山有所了解，而对那些远在天边的四海、四荒，只能根据旅人不可靠的只言片语来了解，并将这些传说与自己的想象结合起来，完成了这部怪诞的地理百科全书。《山海经》或许只是上古时代先民探索世界尝试的一小部分，还有许多和它相似的材料，如长沙子弹库楚帛书、《容成氏》以及许许多多散佚的古代传说都是如此。这些材料很好地反映了先民的精神世界，却又因为其古朴怪诞的气质而逐渐退出主流视野，成为单纯的神话传说，被《尚书》等更加“雅驯”和客观的材料所取代。就像司马迁在《史记》中自述：“故言九州山川，尚书近之矣。至禹本纪、山海经所有怪物，余不敢言之也。”

正如司马迁所说，到了《禹贡》出世之时（《禹贡》被编入《尚书》之中），曾经笼罩在《山海经》上空的神秘气息已经尽皆退散。九州概念出现，人们将物产资源、地理特点、人文习俗、交通路线编入其中，展现的是一幅相当客观、真实的地理画卷。这幅画卷的出现并不是偶然的，西周之后，诸侯林立，为更好地统治自己的国家，诸侯们都建立起了属于自己的文献系统。《孟子》就说道：“王者之迹熄而诗亡，诗亡然后春秋作。晋之乘，楚之祷杌，鲁之春秋，一也。”这些文献之中，当然也包括本国的地理、物产、民俗、交通等信息，各国交流不断，这些信息又被不断交换，最终在战国秦汉文化碰撞融合之中形成以《禹贡》为代表的九州体系。

在《禹贡》划定的九州之中，我们可以看到的是极为冷峻简洁的笔锋，拥有极为清晰的结构。首先，它先大体标定各州州域，再将州域内主要高山、大河、大泽、平原标记出来。这样一来，这一州的地理情况就大体明晰了。由宏观再及微观，先描述该州的土地种类和肥力，以此定出该州贡赋等级，最后简要描述该州民俗和特产，以及其贡物上贡的主要交通通道。九州体系和《山海经》相比更加规范、客观，去除了此前充斥在地理志中的神怪元素，将全部的先秦已知世界都纳入一个标准相同的体系之中。这既体现出当时人们已经有足够的自信去面对广大无垠的土地，更体现出人们已经准备好迎接天下统一的新格局了。战国时期的齐国思想家邹衍甚至在九州基础上延伸了“大九州”概念，即中国人所居的“九州”组成“赤县神州”。“赤县神州”又是一个更大的“大九州”的组成部分，在未知的地方还有八个和“赤县神州”一样的世界。这表明在战国时期逐渐成熟的九州体系极大地开阔了中国人的视野，为他们提供了信心去认识更为广大的世界。

《禹贡》的九州什么样?

就让我们来仔细看一下《禹贡》所划定的九州体系吧。

冀州是《禹贡》九州中首先提及的，冀州之名可能来源于晋南地区的古冀国。《国语》中，楚成王认为如果杀掉路过楚国的晋公子重耳的话，“冀州之土，其无令君乎？”表明后来晋灭冀国后，冀州也成了晋国的代名词。《禹贡》中的冀州地跨今天的山西、河北，并包含了河南省的一部分。黄河、沁水、漳河、通天河、卫河与今天已干涸的大陆泽组成了冀州的水系。这里的土壤为“白壤”，土地肥力在九州之中排第五等，产出的贡赋却是最高的“上上错”，岛夷穿着皮服居住在冀州东部边境，乘船由渤海沿岸即可进入黄河故道，沿着黄河上溯即可向中原洛阳地区运送贡物。

之后是兖州。兖州之名得自沇水，即古济水。兖州主要包含了今日河南、河北的东部与山东西部地区。黄河、济水及两河的众多支流以及雷夏泽组成了兖州水网。此地地面低平，土地是肥沃的黑壤，却屡受黄河水患波及，因此土壤肥力只是第六等。贡赋也是九州之中最低的“下下”。此地产出的生漆和蚕丝可以通过漯河、济水上贡。

兖州的东北方，山东半岛北部的泰山和海岸之间是青州。青州之名或许来自东方所赋的青色，原本属于东夷的一支——嵎夷故地，在九州划定之时也已经得到了经略。这里的土地常被海水浸润，因此土地是有盐碱析出的“白坟”土。土壤肥力为第三等“上下”，贡赋属于“中上”等。海滨晒盐、种桑养蚕、海中渔获让这里的贡物极为丰富，贡物由汶水经济水即可泛舟上贡。

泰山以南至淮河的山东南部、江苏北部地区是徐州。徐州之名应得自两周时兴盛于淮河流域的淮夷国家徐国。淮河、沂水以及巨野泽组成了徐州水网，蒙山、羽山为徐州的主要山系。这里的土壤是肥沃细密的红色土壤，土壤肥力为第二等“上中”，贡赋第五等“中中”，出产的贡物主要是鸟羽、桐木、磬石等用于乐舞祭祀的物产，

山东省潍坊市青州古城“海岱都会”牌坊。青州为《禹贡》九州之一，古代青州地处海岱之间，历代为都会之地和军事重镇，被誉为“三齐重镇，海岱都会”。

以及珍珠、干鱼和丝绸。这些贡物经过淮河、泗水即可进入黄河水道，进贡中原。

扬州北界为淮河，东界为大海，其西是荆州。《禹贡》并没有划出扬州的南界，可能当时的人们尚未向南继续探索。扬州之名可能来自商周时期当地的土著“扬越”人。扬州大致包含今天的江苏、安徽、江西、浙江等多省土地。彭蠡泽即今天的鄱阳湖与众多河流组成的扬州水网。这里远离中原，土地大多尚未被开垦，因此田土肥力位于末尾。然而扬州丰富的物产却让贡物属于最高的“上上错”，扬州的铜、铅等矿物从商代开始就是中原青铜王朝心目中最重要的战略资源，玉石、皮毛、象牙、水果等贡物也价值不菲。这里的物产通过长江和沿海，可以到达淮河、泗水，再向中原运输。

荆州得名于荆山。荆山、衡山是荆州的北界，长江、汉江及其支流和云梦泽组成了密布荆州的水网。值得一提的是，“荆”在《说文解字》中的解释是“楚木也”，也就是说，“荆”和“楚”实际上是同义字，而后来兴起于荆山的楚国人也常常被称为“荆人”。楚国初期的疆域也大约与古荆州重合，由此来看，荆州的得名除了荆山之外，也应当有荆楚的影响在内。荆州的土地和扬州一样大部分没有开垦，因此肥力只是倒数第二等。与扬州类似，荆州虽然田土产出不足，但是贡物却很有价值，生漆、皮毛、象牙、铜、锡、包茅、丹砂、砺石、竹材、祭祀龟板等都有赖荆州的产出。这些贡物通过水网到达南阳地区之后，再由陆路转运至中原。

荆山和黄河之间的中原地区隶属豫州。豫州，为何得名，历史上说法很多。成书于东汉的《释名》说：“豫州，地在九州之中，京师东都所在，常安豫也。”这一说法较为牵强。这里是天下之中，当年周公旦选择这里建都就是因为这里“四方入贡道里均”，伊河、洛河、瀍河、涧河、黄河及荥泽、菏泽、孟诸泽构成了豫州的水系支架。这里土地属第四等，较为肥沃，贡赋主要是生漆、纺织物，通过黄河运送。

四川盆地之内为梁州，沱江、潜江、岷江、沔水、白龙江组成了水网。这里的土壤为肥力较低的青黑土，贡物也较下等，主要贡献贵金属和皮毛，贡物抵达中原要先运送到梁州之外的渭水和黄河才行。之所以得名梁州，学者认为可能和秦岭有关。在汉代，梁州之地被划入益州，这个古老的名字逐渐不再被使用，反而是益州的新名字被人们长期沿用下来。

雍州因雍山、雍水得名，主体是关中盆地，以及甘肃、青海的一部分。黑水、弱水、泾河、渭河、漆水、沮水、丰水、黄河、猪野泽组成了雍州水系。这里处于黄土高原地区，土地极为肥沃，是九州中的第一等。贡物则只有绿松石和织物，通过黄河便可运送到中原地区。

《禹贡》中记载的九州完整而简洁，文字中只有山、水、人和物产，神鬼妖怪、传说故事不再拥有位置，可以看出九州体系的创造者们创造这种体系想要达到的目的。在他们的设计中，华夏大地虽然被山川水泽切割成了多个部分，但却并不零散，九州可以通过“贡”连接在一起，成为一个统一的天下。

除语焉不详的“豫州”，古九州的其余八州得名都显示出较为明显的规律，即或以州内山水为名（兖州、梁州、雍州、荆州），或因州内古国古族得名（扬州、徐州、冀州），或以本地特点得名（青州）。这些得名方式极为直观，反映了许多较为原始的观念；这些简洁、直观的名字，为全体中国人提供了一个公认的“坐标”，让描述地理变得空前简单。

可以看出，九州体系虽然已经相当成熟，但是其基础仍然建立在中国新石器时代以降的天下格局之上。冀州所在的山西、河北等地，商周之前是后岗二期文化的活跃之地，商族也在此发源，太行山东西的上古先民拥有相当统一的文化面貌。兖州、青州所在的豫东、山东地区长期为东夷所居，这是大汶口文化、龙山文化奠定的基础，在商周时大体上是岳石文化处兖州、珍珠门文化处青州。徐州是淮夷的地盘，夏商时代，淮夷创造的斗鸡台文化在这里非常繁盛。扬州属于古越，良渚文化在此创造辉煌，吴城文化、湖熟文化也在商代发展到了相当的程度。荆州则是三苗故地，屈家岭文化、石家河文化、后石家河文化等古族文化也一度与中原、山东鼎足而立。梁州辟处西南，虽然闭塞，但是宝墩文化、三星堆文化、十二桥文化接踵而立，也达到很高的发展水平。雍州所处的关中盆地沃野千里，自古就是仰韶文化、庙底沟文化、齐家文化的繁衍生息之地，更是孕育了“郁郁乎文哉”的周王朝。而豫州所处的中原之地，则是夏商周三代统治的腹心，是华夏文化的福地。

九州的发展

由此，我们可以得出这样的结论：《禹贡》九州体系并不像很多后世学人认为的那样是一个理想化的天下模型。反而，九州体系充分考虑到了地理、交通、物产和人文因素，经过了精心的设计和计算，是一个相当具有可操作性的天下模型。

在秦汉帝国完成统一天下的大业之后，原本被诸侯国割裂的天下被纳入统一的帝国之中，西汉的郡国并行制进一步消化了聚合而来的各地。秦汉帝国建立在文法吏的基础之上，大量拥有书写能力的官吏成为王朝运转的基石。他们继续将全国各地的信息源源不断地传回中央，正有赖于海量的信息，九州体系终于被运用于实际的国家治理之中。

汉武帝元封五年（前106年），为了加强中央集权，汉武帝将原本只存在于纸面上的九州搬到大地棋盘上来。他在原先郡国的基础上，将汉帝国划分为13个州，每州设置一名刺史，刺史由中央派出，行监察之权。我们很容易想到，这样的设置一方面当然是外逐匈奴、内改制度的汉武帝加强君权的手段，另一方面也是将儒家经典《尚书》中《禹贡》篇付诸现实的结果。西汉风头无两的公羊家所修习的《春秋公羊传》开篇就说："何言乎王正月？大一统也。"这种大一统思想当然对汉武帝来说吸引力颇大。

但是武帝采用的是十三州，即"冀、兖、青、徐、荆、扬、豫、益、凉、幽、并、朔方、交阯"，与《禹贡》的九州区别明显。为什么会出现这样的情况？第一，在武帝设置刺史的时代，华夏文化控制的版图已经空前扩大。元朔二年（前 127 年），汉武帝派卫青率军出云中郡，斩获颇丰，并将盘踞在河套地区的匈奴白羊、楼烦王所部赶走，在这里设置了朔方郡，将朔方纳入十三州之中自不待言。元狩二年（前 121 年），匈奴内讧，昆邪王部攻杀休屠王部，并率众 4 万人投降汉朝，武帝在其故地设置武威、酒泉。元鼎六年（前 111 年），武帝将张掖、敦煌两郡从武威、酒泉中分出，形成了“河西四郡”。这四郡与原属于雍州的部分区域合并，就成了凉州的组成部分。同样地，元鼎六年，汉武帝灭南越国，将其地化为儋耳、珠崖、南海、苍梧、郁林、合浦、交阯、九真、日南九郡，这九郡之地并未包含在《禹贡》九州之中，成为新的交阯州的组成部分。而武帝朝吞并贵州、云南等地的西南夷，让汉朝在西南地区的统治范围空前扩大，将原先的梁州和牂牁等新郡合并成立新的益州也可以理解。

第二，《禹贡》中一些州明显过大，因此武帝将其分割。例如原冀州规模过大，于是武帝将其切割为冀、并、幽三州。新的三州与其他州相比体量相若，更加实用。

第三，原属雍州、豫州的关中平原和中原之地，是受皇帝直接控制的京畿区域，包含三辅（京兆、左冯翊、右扶风）、三河（河南、河东、河内）、弘农。这些地方不设刺史，也不在十三州之中。而《禹贡》九州中的雍州关中部分则属于京畿，西北部分划入凉州，所以武帝并未设置雍州。

武帝设置的十三州影响深远，达到了加强集权的目的。而到了王

湖北省荆州市荆州古城内的宾阳楼，始建于明代，是当地展现三国文化的地标建筑。荆州为古九州之一，得名于荆山，亦属于汉武帝划分的“十三州”之一，地处交通要塞，历来为兵家必争之地，诸多脍炙人口的三国故事大都发生在此。

莽篡汉时，王莽为复古，以《周官》《王制》为模板，将刺史改为州牧，州牧不再只行使监察权，更拥有军政权，使州成了真正意义上的行政单位。到东汉时期，权力巨大的州牧又和茁壮成长的地方豪族合流，在三国时期成为割据各地的“诸侯”。例如曹操就曾任兖州牧、冀州牧；刘表以荆州牧的身份割据荆州；刘备夺取益州，自领益州牧；等等。在两晋南北朝的混战中，也有许多乱世枭雄背靠雄州，以州牧的身份参与天下角逐。

随着唐代新的道、州、府制度的出现，以及元明之后省县制度的确立，古九州不再以行政区划的面貌出现。今天我们仍能看到的江苏省扬州市、山东省青州市、山东省济宁市兖州区、江苏省徐州市、湖北省荆州市等，则是《禹贡》九州留在地图上的孑遗。这些地名由大范围的地域概念，缩小为一些具体行政单位的名字，再加上河北省的简称“冀”、河南省的简称“豫”，几乎是我国最古老的地名遗产。

文 / 徐成

从郡县到行省

自然地理与行政区划的互动

纵观古今中外，就算再小国寡民的政权，也会基于行政需求将自家领土按一定层次进行划分。个中道理不难理解，人们在土地上生存，同自然环境产生互动，当社会组织复杂到一定程度时，就必然会尝试着对地形进行规划，主动将人类社会活动同自然地理相结合，基于政治的地理区划——行政区便由此诞生。

中华先民很早就对行政区划有所认识。翻开先秦古籍，人们可以见到各种行政区划的构想，除了根据名山大川划分的九州之外，还有所谓的“五服制”，即从核心居住区的国都（大城邑）出发，将周边环境分为各种圈层式的区域，紧紧围绕国都的是“五百里甸服”（中心统治区），在“甸服”之外，是“五百里侯服”，再外圈是“五百里绥服（宾服）”，再外圈是“五百里要服”（边远地区）、“五百里荒服”（蛮荒地区）。

如果说“九州”大体是将自然地理同经济地理相结合的话，那么“五服制”更多就是基于政治理想的划分法。在先秦诸子的眼中，“五服”不仅是地域划分，更是政治权力和义务的区分标准：“甸服者祭，侯服者祀，宾服者享，要服者贡，荒服者王。”（《国语·周语》）由于此种同政治理念结合的行政区域划分方式实在太理想，因而被儒家在《周礼·职方》里发挥到极致，王畿外设计出足有九层模式：侯服、甸服、男服、采服、卫服、蛮服、夷服、镇服、藩服。

先秦典籍中的“五服”“九服”很大程度上为后世附会夸张的乌托邦，但在上古时代未必全是空穴来风。恩格斯曾观察到，北美印第安人部落除了“自己实际居住的地方以外，还占有广大的地区供打猎与捕鱼之用……这种地带跟德意志人的边境森林、凯撒的苏维汇人在他们地区四周所设的荒地相同”（《家庭、私有制和国家的起源》）。可以推想，上古时期中华先民必然也是同世界诸多原始部族一般，先是聚居在某些水土丰饶之处，然后从核心居住地区出发，按控制能力对周边地理进行划分，从而形成朦胧的“五服”概念。随着生产力的提高，先民部落不断进行拆分、扩展，“五服”圈层在各地不断地诞生、扩张，最终由点及面地将地图点亮。此后，“五服”“九服”才功成身退，让位给其他划分区域的方式。

“县”：先秦行政区划的活化石

公元前 221 年，秦始皇统一中国。

刚完成大一统的帝国有很多开拓性工作需要处理，其中一项就是如何对新纳入版图的广大地域进行划分和管理。为此，朝廷展开了激烈的论辩。以丞相王绾为首的大部分官员认为，六国新灭，燕、齐、楚国等地偏远，朝廷的力量鞭长莫及，不如分封皇帝诸子为王出镇当地。然而廷尉李斯对此坚决反对，他举的例子近在眼前：周文王周武王封的姬姓子弟难道不够多不够亲吗？到后来还不是相互打破头，周天子也无法阻止。要犒劳诸子功臣，赐给他们税赋重赏就足够了，朝廷应该在所有地方都设立郡县，分封诸侯还是算了吧。一番话让雄才大略的秦始皇连连点头："天下共苦战斗不休，以有侯王。赖宗庙，天下初定，又复立国，是树兵也，而求其宁息，岂不难哉！廷尉议是！"（《史记·秦始皇本纪》）

太史公浓墨重彩地记下此次廷议，自然不是因为看中李斯舌灿莲花，既坚持自己的原则又能照顾老同志的物质需求，而是因此次辩论影响深远。《史记》记载得很清楚，此次廷议后，大秦帝国在"东至海暨朝鲜，西至临洮、羌中，南至北向户，北据河为塞，并阴山至辽东"的广阔地域内，"分天下以为三十六郡，郡置守、尉、监"，在其下设县作为中央政府直接任命长官的基层政区，从而首次在全国统一了行政区划。这便是中国2000多年来一直奉行的体国经野制度——郡县制的开端。

秦帝国用"郡县制"取代"分封制"，可以视作先秦"五服"体系的终结。从根本上说，分封诸侯就是因为中央政权能力有限，无法辐射千里之外，不得不另立大都邑进行殖民，用分散的节点来将远处的"要服""荒服"转化另一处节点的"甸服"，其代价就是经过若干代后，节点之间便会分裂相互攻伐。李斯等人主张的郡县制则是将中央力量发挥到极致，彻底取消“五服”理念，实现“普天之下，莫非王土”。朝廷按山川地理设置行政区划，统一委任或派遣地方官员进行治理。

郡县制的确立是中国历史上的一件大事。然而让人好奇的是，此行政区划制度中基本单元的“县”又是从何而来？可以肯定的是，它绝非从天上直接掉进秦始皇和大臣头脑中的。早在统一六国之前，秦国就已在境内遍行郡县。秦孝公变法时，商鞅就曾出台“集小（都）乡邑聚为县，置令、丞，凡三十一县”的政令，考虑到商君是给边鄙秦国带来先进的治国“霸道”的外国人，所以“县”大概并不是秦国首创。

事实正如此，翻开讲述春秋历史的《左传》，人们能在宣公十一年（前 598 年）的记载中看到，其年冬“楚子为陈夏氏乱故，伐陈……杀夏征舒，轘诸栗门，因县陈”。此事乃春秋时期轰动一时的重大国际丑闻：陈国国君陈灵公、大臣孔宁、仪行父三人同夏征舒寡居的母亲夏姬通奸，种种不堪的行径激得夏征舒怒而杀君，继而又引来楚国以此为借口入侵。楚国征服陈国之后，楚庄王原本想将陈国吞并，化为楚国一个县，后在申叔时的规劝下放弃此打算，改为延续陈国社稷，立太子午为陈成公，成为后世儒家一段兴亡续绝的佳话。只是楚国也没有白出兵，他们将陈国一些人口掳走，在自己国内设置一个名为夏的行政区以安置被掠的陈人。

楚国灭国改县也不是第一次了，同一部《左传》记载得清清楚

歙县许国牌坊，该县位于安徽黄山市，以境内高山环抱、峰峦起伏、河流纵横、萦回曲折而得名。南宋淳熙《新安志》：“歙者翕也，谓山水翕聚也。”又说，以境内的歙浦得名。歙县与同属黄山市的黟县均为秦代实行郡县制时所设，成为此次重大历史事件的见证，现均为国家历史文化名城。

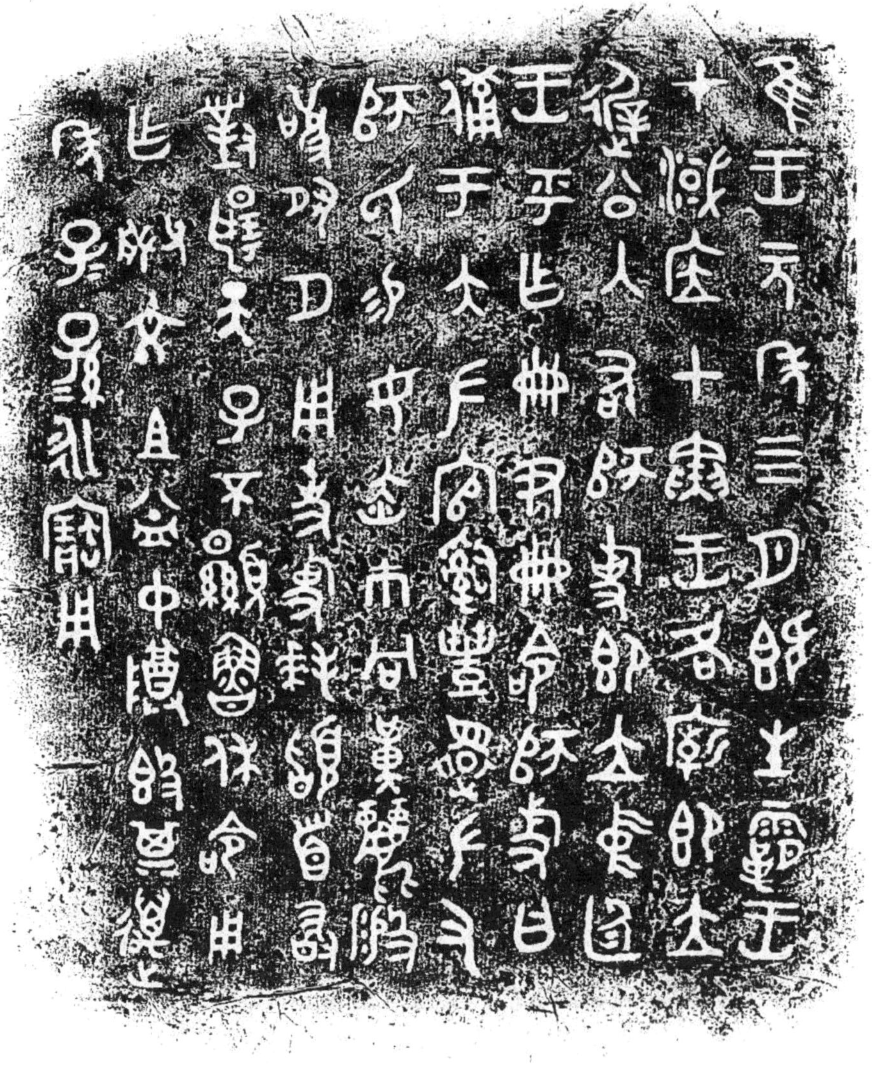

西周“元年师史簋”铭文，提到“备于大左，官嗣（司）丰还左右师氏……”其中“丰还”的“还”通“寰”，即古“县”字，学者普遍认为此为最早出现的有关“县”的记载。

楚：宣公十二年，郑伯对楚庄王曰："使改事君，夷于九县。"战败的郑伯向楚王表示愿意将自己的国家变成和楚国的县一样。西晋杜预考证，《左传》中记载楚国灭国为县的有："邓"（前678年）、"权"（前676年）、"弦"（前656年）、"黄"（前648年）、"夔"（前634年）、"江"（前623年）、"六"（前622年）、"蓼"（前621年）、"庸"（前611年）及"申"和"息"（前487年），已有11国之多。这还只是被《左传》记载下来的，背后那些没被记下的小国恐怕更多。譬如山东省莱芜市（现济南市莱芜区），其名来源也是如此。据北魏郦道元说，齐国灵公时（前581年—前554年）发兵灭掉莱子国，残存的莱人流落至此，见邑落荒芜，黍离之悲油然而生，因而给此地起名为"莱（国荒）芜"，可见当时小国命运之惨。话说回来，诸多小国被灭改县，固然是春秋无义战、大国扩张贪得无厌的写照，但另一方面也反映出行政区划单位的"县"早在春秋时期就已趋于成熟。秦帝国的县可追溯至春秋，但其在春秋就被大国成熟应用的事实，又向人暗示源头还应更早。

果然，学者在铸造于西周中期的免簠和元年师史簋上发现刻有"郑县"和"丰县"的铭文（写作"還"，通"寰"，即古"县"字）。此处所谓"郑""丰"，大约是指西周在中原营建的重镇洛邑。对照先秦典籍《逸周书·作雒》："（周公）乃作大邑成周于土中……制郊甸方六百里，因西土为方千里，分以百县……大县立城，方王城三之一，小县立城，方王城九之一……"可知铭文中提到的"郑县""丰县"，极有可能就是洛邑千里王畿之内的某处地区。以此推断，彼时所谓的"县"，应为紧靠国都（或大城邑），处于王畿之

安徽六安市霍山县文峰塔。六安市以古六国得名，《读史方舆纪要》六安州：“春秋时六国地。”《元和郡县图志》：“六安县，故皋陶国也。夏禹封其少子，奉其祀。”古六国于公元前622年在被楚国灭后改为六县，成为春秋时大国扩张贪得无厌、灭小国将其改为县吞并的写照。

内，以国都为核心呈圈层式分布在四周，受国君直接管理的地区单位。此种说法似乎也能从县的字源上得到印证。“县”本义就是“悬挂”“系”，人们将其引申用来指代环绕国都、地理上归入王畿、政治上隶属天子的地区，借以强调该地对天子和国都的依附性，似乎合情合理。

当然，西周时期的县别说同后来的秦帝国时不同，就是同春秋战国的县也相差甚远。一些学者通过对先秦文字使用“县”的情况进行研究，认为西周王朝“悬挂”在国都周边的“县”，大约只是一种为区分地域而设立的临时区划，尚未成为一级地方政府组织，很可能只是畿内卿大夫食土而不临民的采邑，可称之为“县鄙”。春秋时期，周天子权威衰落，诸侯在制度上逐渐僭越，对原本为天子千里王畿中的“县”施行拿来主义，在自己都邑也设具有某些行政职能的“县”，是为“县邑”。等到战国中后期，各诸侯国在战争压力下迫切需要动员国力，因对“县”加以调整，使其成为一级地方行政组织，并在国内铺展开，后世“郡县”之县方才定型。

作为行政区划制度的“五服制”虽然已经消失，但脱胎于其中的“县”却一直延续到现代。遥想当年，秦皇挥鞭，天下闻风而动，相继改为郡县。著名的徽州古城所在地，今天安徽的歙县和黟县，正是当年天下遍行郡县所起的名字。千年易逝，此二县地名却一直传承下来，成为昔日发生过重大事件的证明，所谓见证历史，大概也不过如此吧。

从刺史到州牧：三级行政区划的出现

作为中国行政区划历史中最重要也是最基础的单位，“县”出现千年不易，自然是因为其符合国情。事实上，我国县级行政单位直到今天，在设置上也大体遵循着秦汉时的规则。比如，一个县的辖区“大率方百里，其民稠则减，稀则旷”（《汉书·百官公卿表》）。汉代百里约为今天的35千米，差不多都是普通人徒步一天最远可及的距离，以此确定古代县辖区面积，则能满足官员下乡、农民进城当天往返的需求。若是当地人口众多，事务繁忙，那么设立时就会减小该县级单位的面积，而在人口稀少的地区为了控制行政成本则会将辖区适当扩大。此规律在今天也随处可见：在长江、珠江三角洲等人口稠密的地区，诸多面积不大的城市密密麻麻相连，形成地域城市圈，而在内蒙古、青海、新疆、西藏等一些人口稀少的地区，县、旗地域之辽阔，几乎能和某些省份相埒。

由于县级政区的面积一般会有上限，因而对大一统帝国而言，自然就会产生另一个问题：县的数量一直居高不下。秦统一天下时，全国大约有1000个县，但到西汉成帝时期，天下已经增加到1587个县，此后历代王朝县级政区都在1200—1600个之间波动。可想而知，朝廷要直接管理如此多的县级政区实属不可能，故而在县上设立高一级的行政区划也势在必行。最先在中国普遍实施的县级以上地方行政区划，自然就是秦帝国统一六国后所推行的郡。

同早在西周就有县的金文记载不同，郡出现得要晚一些。最早见于周襄王元年（前651年），晋国国君献公死去，公子夷吾为回国争夺王位，不惜对秦国许诺割地：“亡人何国之与有？君实有郡县，且入河外列城五。”（《国语·晋语二》）《左传》的哀公二年（前493年）有条记载说：“克敌者，上大夫受县，下大夫受郡。”从中可见，最初的郡似乎是处于县之下的行政区划单位，这也同《逸周书》中“县有四郡，郡有四鄙”的记载相吻合。学者推测，郡县地位产生对调大约发生在战国时期，由于郡承担了军事职能，更多为军区而非政区，在战争烈度上升的战国末期，原为防守征战专区的郡地位便发生飞跃，成为拥有行政、财政、司法职能的上级政区。

当秦帝国确立郡县制时，全国加上管理首都周边的特区内史共有37个郡，随着帝国不断开疆拓土，到秦亡前，见诸史书的郡共有49个（包括内史），平均下来每个郡约统辖20来个县。从实践来看，此种行政划分方式较为合理，其结果就是郡县制创建之后，历代统一王朝基本都沿用此比例设置行政区，间或视情况进行调整补充。不过另一方面，出于种种现实考虑，后世王朝屡屡又在行政层级上大动干戈，在二级和三级行政区划之间来回摇摆。大致而言，从秦汉到魏晋南北朝历时800余年，中国行政区划从两级演变为三级；而从隋唐到宋辽金的700年中，行政区划先是回到两级制，然后再度变为三级；最后从元朝开始直至现代的约700年历史中，行政区划则是从多级制逐步简化，最后固定为三级制。

迈出行政三级制第一步的，自然就是雄才大略的汉武帝。西汉建国后，虽然也设立了王国，分封诸侯，但其根本还是郡县制，特别是在“七国之乱”后，王国已等同于郡，侯国等同于县。随着时间流逝，到西汉中期时，郡的数量大幅增加。一方面，西汉常常拆分秦郡，比如将秦内史一拆为三，分为京兆尹、左冯翊和右扶风；与此同时，为了削弱诸侯王，西汉朝廷从文帝开始就执行“众建诸侯”政策，文帝将齐国一分为七，景帝将梁国一分为五。武帝更是利用推恩令蚕食王国，进而设立新郡；除此之外，汉武帝四面出击，开广三边，从而使得汉朝郡的数量激增。这么一来，朝廷又回到起点：直接管理百来个郡级行政区变得十分困难，在郡上增设一级单位的需求变得强烈，因而不得不增设一级刺史部，也就是后世的州。

元封五年（前 106 年），汉武帝下令分全国为 13 部，每部设置刺史一人，除此之外还有负责首都的司隶校尉部。刺史按 6 条规定监督检查地方长官的行为，但并不干涉地方行政事务。朝廷规定，刺史品秩为 600 石，而郡太守的品秩则为 2000 石，以轻驭重的统治手法，可谓前所未有。值得留意的是，西汉十三刺史部名字大都为杂糅《尚书》和《周礼》中九州名称而来，在西汉末年还曾两度借用《尚书·尧典》的名字改称州牧，品秩也升为 2000 石以示尊崇。此等打着复古旗号的创新做法，不仅让后来州与刺史部混为一谈，更为州升格留下了余地。

虽然汉武帝以自己的远见看到了行政区划过大的隐患，通过种种限制方式让州在两汉大部分时间内以监察区的形式存在，但到了东汉末年，黄巾大起义席卷整个华北，单靠一郡全然无力镇压。东汉朝廷不得不派出中央高级官员——九卿，赋予兵、财、政大权，以州牧名义统率地方。自此，州便从原来的监察区划一跃而成为郡以上的一级行政区划。中国行政区划也正式从二级制转变为三级制。

唐宋的道与路：反复轮回的政区层级

东汉刺史部化为州，标志着中国行政区划制度变为州、郡、县三级。中原地带历来为中国的核心区域，但却地势平坦，无过多名山大川分割，一旦发生天灾人祸很容易全面蔓延，非面积较大政区调动各地资源则不足以应付，因而在郡县以上另设一级高级政区实属必然。伴随而来的是汉武帝当年的远忧：州一级行政区划辖区大，倘若同当地自然地理相结合，很容易造成分裂割据的局面。后人在总结东汉灭亡的原因时也指出："大建尊州之规，竟无一日之治。故（刘）焉牧益土，造帝服于岷峨；袁绍取冀，下制书于燕朔；刘表荆南，郊天祀地；魏祖据兖，遂构皇业。汉之殄灭，祸源乎此。"（《后汉书·百官五》注）

事实上，在各方面技术都不成熟的封建时代前期，各个王朝始终未能很好地解决行政区划三级制所带来的分裂隐忧。三国以后，州、郡、县三级行政区划制度确立，但中国也很快就进入长期战乱时期。虽然战争的源头是朝廷失政，但野心家窃取各州军政大权便能以此为资本称兵作乱，也是造成分裂的重要因素之一。在长达 270 余年的南北朝时期，行政区划变得混乱不堪。为了奖励在战乱中立下军功的武人或是敌方来投的将领，南北朝廷都不约而同地用州刺史、郡太守等职务作为封赏，为此不得不新设立州郡。除此之外，还有为逃避战乱的流民侨立的州郡，种种举措之下，南北朝州郡变得越来越多，面积却越来越小，呈现出恶性膨胀的局面。梁天监元年（502 年），南朝还只有 23 州 226 郡 1300 个县，但仅仅过去 40 多年的中大同元年（546 年），就已经有 104 州 586 郡。北朝也好不到哪里，就在当年，东、西魏共有 116 州 413 郡。同西晋相比，全国州数膨胀了 11 倍，郡膨胀至 6 倍，不仅“一郡分为四五,一县割为两三”，甚至出现两郡共辖一县或两州合管一郡的“帖治”（刘宋时，青州、冀州二州同治东阳城，清河郡、广川郡二郡同治盘阳城）或“双头州郡”（萧梁时，汝阴郡同时又为侨立的弋阳郡）。

如是混乱不堪的局面，就连南北朝皇帝也看不下去。北魏道武帝、北齐文宣帝都曾裁减州郡，但在南北及东西对峙的战争年代，整顿很难落实下去，直到隋代再度天下一统之后，中央政府方才有余力彻底改革，而最终的解决方案就是将三级制改回二级制。

开皇三年（583 年），刚刚篡夺北周皇位不久的隋文帝杨坚接受河南道行台兵部尚书杨尚希的建议，下诏“罢天下诸郡”，隋灭陈之后随即将其推广于全国。但改革并未彻底完成，因为经过长达 5 个世纪的演化变迁，即便取消了郡，州的数量依然过多，时人刘炫就上书批评说：“（北）齐氏立州不过数十……今州三百。”大业三年（607 年），登基不久的杨广正式下诏大并天下州县，同时下令将州改为郡，经过他的改革，全国削减为 190 郡（州）1255 县。隋代这几次行政区域大调影响相当深远。如果追溯今日地名来历的话，人们就会发现，有相当一部分都同杨广调整有关，像今河南汝州市，秦汉时还叫梁县，南北朝，时而为北荆州（东魏），时而为和州（北周）。

延安俯瞰。延安在秦汉时属上郡，东汉三国沦入羌胡之手，直到北魏才在此设立东夏州，西魏因其境内有延水而改名延州。在隋代行政区划大调整中，杨广将附近广安县同延州名字拼接缝合，因而有了后世闪耀的地名——延安。

大业改名时，杨广因为该州境内有汝水，便将此地定名为汝州，沿用到今；而湖北襄阳市辖枣阳市，在隋代之前一直叫作春陵、广昌（县），也是在大业年间，为避杨广名讳，以境内遍植枣树的枣阳村为名，改名枣阳县，流传至今。除此之外，著名革命圣地延安，其名称也来自杨氏父子：此地在秦汉时属上郡，东汉三国沦入羌胡之手，直到北魏才在此设立东夏州，西魏因境内有延水而改名延州。正是到了隋代，杨广将附近广安县同延州名字拼接缝合，才有了后世那个闪耀的地名——延安。

不过，现实往往会与施政者开玩笑。郡（州）县二级制实施不到 10 年隋就二世而亡，取而代之的唐朝统治者又将郡改名为州，而且州的数量又控制不住了。唐太宗在统一天下时并省州郡，但到贞观十三年（639 年），全国行政区数量又回到了 358 州 1551 县。

之所以如此，一方面是因为隋唐易代战乱不休，唐王朝为了犒劳归唐将领大肆以州刺史作为封赏，另一个重要原因就是隋唐之后，中央朝廷无论是疆域还是统治力度都远超秦汉，边疆拓地、云贵川湘少数民族首领归附等诸多缘由使得州的数目无法减少。因而在州上再设一级行政区，显然又成为治理国家的必要手段。讽刺的是，唐朝统治者想出的解决方案依然是重蹈汉武帝覆辙：他们先是拒绝设立一级行政区，试图以并不直接领民的监察区来控制州。贞观元年（627 年），唐太宗按天下山川形便分全国为 10 道，派遣巡察使（唐睿宗改名按察使）。到开元二十二年（734 年），唐玄宗下令分 10 道为 15 道，并且“每道置采访使（采访处置使）检察非法，如汉刺史之职”。然而历史与现实的发展进程不随统治者意志扭转，以安禄山身兼河北道采访使及范阳、平卢、河东节度使为起点，原为监察的诸道迅速同本来只管军事的节度使辖区合流，成为新一级行政区划——藩镇，唐中后期的痼疾——藩镇割据也就此形成。

隋唐在设立行政区划层次问题上重复栽秦汉的跟头，以实践的角度证明了一方面以中国地域之大，仅设立两层行政区划体系的方法行不通；另一方面则证明了倘若单纯以山川形便为划分行政体系标准，则根本无法避免由此而来的一级行政区资源过多、尾大不掉的割据问题。事实上，唐在设立道时，已经有所改变。考察当时各道地图，人们很容易发现道是根据当时基本交通路线划分，而非单纯根据地理环境，这也正是行政区划被称“道”的缘由。

中唐藩镇割据的局面表明此种改革还不够。到了宋代，统治者惩于唐末五代藩镇跋扈的教训，在继承道的行政区划并将其改名为路的基础上又做出更多调整，其中最重要的就是将一级行政区划“路”的职能人为打散割裂。具体而言，就是州上虽有诸路监司，但监司的辖地却未必重合。比如在宋代西北地区，在主要负责财赋的转运使系统中，是陕西路（后改为两路）；以负责监察司法的提点刑狱系统看来，则是永兴军路和秦凤路；而在负责军事安抚使系统眼中，则是永兴军路、鄜延路、环庆路、秦凤路、泾原路与熙河路。此外，即便是不同系统监司所辖的路相同，治所也往往割裂开，如荆湖南路转运使治所在长沙，但提点刑狱治所却在衡阳，总之就是使一级行政区划事权分散、区划交叉，无法形成割据的基础。

正是在此种人为割裂思想的指引之下，中国行政划分的理念开始萌生了一个重要的改变，那就是从山河形便逐渐走向犬牙相入。在唐以前，历代统治者在划分行政区域时，基本都是遵照山川等形成的自然地理界线，即所谓山川形便。正如古话所言："州郡有时而更，山川千古不易。"山川界线不仅是最自然直观的分界，更由于其往往会影响两侧地域的气候、地貌和土壤，从而形成不同农业区和不同风俗习惯，因而很自然地成为古人划分政区的标准。然而，在经过秦汉和隋唐两轮反复之后，统治者也意识到单纯依靠山川形便虽然直观，但却是大一统的隐患。宋代统治者在割裂行政区划系统的同时也开始对行政区划分进行有意识的割裂，人为地将一些地理单元的天险划分出去，也就是所谓的犬牙相入。

在宋代，河南府领有黄河以北的河清县，而黄河以南的河阴、汜水两县却被划给黄河以北的孟州，使得孟州形成奇怪的扭曲状。在路的划分上也是如此，宋代淮南东路名字虽曰淮南，但所辖区域有半数却在淮水以北。今天江西省在两汉为豫章郡，在唐后期为江南西道，大体为一个完整的地理单元，但宋代将其一分为二，东北部归江南东路，其余同今湖北东南部组成了江南西路。最值得注意的就是西北的永兴军路，其大致以今天陕西为主体，但却领有商州。商州跨越秦岭，永兴军路领商州，便成为中国行政区划首次跨越秦岭的标志性事件。

从秦立郡县到宋代千余年间，行政区划制度经历了二级到三级的轮回。事实表明，行政区划是人类社会发展同自然地理的相互作用，也算是“天人感应”。在这场近千年的轮回中，似乎又隐隐出现了一些规律：县虽然千年不变，但在它之上的行政区单位会随着时间逐渐“下沉”，最终在行政区划序列中消失，取而代之的是一些新产生的行政区划单位。“郡”在秦代是一级行政单位，到东汉就变成“州”下的二级单位，唐代便被彻底取消，在今天的地名中完全看不出任何痕迹。同样的过程又发生在“州”之上。州最早作为实际行政区划单元出现在两汉，原本取代“郡”成为一级行政区，大者面积相当于今日两三省，到唐代级别就下降到二级，仅为统领县的上级单位，到元明清时大部分州（明代改称府）已经降到与县相当，到民国时全国统一废州改县，州这个单位便从实际行政区划中消失，直到新中国成立后才恢复，用为一些二级民族自治政区名称。

不过，作为一个影响千年的行政区划单位，州对地名的影响还是颇大的，今天中国的许多城市地名中还带有“州”字。譬如以柳宗元闻名的湖南省永州市，以王安石闻名的江西省抚州市等。不过，这些州大都不复昔日风光——诸如汉代以上古九州为名，曾地广人稠的扬、徐、青、兖州，地名虽留存到了今天，但扬州、徐州只是地级市，而青州已缩减为潍坊市下辖的县级市，兖州则干脆变成了济宁市下的兖州区。

无独有偶，唐宋时期一级政区“道（藩镇）”“路”也是如此，唐代的“道”在宋代被“路”所代替，到元代便降为“省”之下的监察区，明清虽在省与府（州）之间设道，但面积已大不如唐，到 20 世纪 30 年代则完全被取消。值得一提的是，虽然“道”“路”今日已不复存在，但由于其出现于三级行政区划制度最终确立时期，并且其设置也初步体现了破除山川形便的思路，因而对后世行政区还是产生了一些影响——唐宋时期定下的许多道和路名，成为现代中国的一些省名来源。最典型的就是四川省，之前，此地或名蜀或名益或曰剑南，无论哪个都同“四”字扯不上干系，现代省名乃是北宋在此置益州路（今四川成都一带）、梓州路（今四川东部、重庆西部及云南北部部分地区）、利州路（今四川绵阳、陕西汉中部分地区）、夔州路（今重庆大部及贵州部分地区），合称四（个）川（峡）路而来。除了四川外，名字来自唐代道或藩镇的还有浙江（浙江东、西道）、福建（福建经略使辖地）、湖南（湖南都团练观察使辖地）、河南（河南道）、江西（江西道），以及得名于宋代路的河北（河北东、西路）、湖北（荆湖北路的简称）、陕西（陕西路）、广东（广南东路）、广西壮族自治区（广南西路）。

行省的出现：现代政区的雏形

宋代统治者在行政区域划分问题上确立了犬牙相入的原则之后，后世统治者也都沿袭了此重大改变，将其发挥到极致，影响直至现今的自然就是元朝。

元朝的行政区划制度师法金，而金又承袭于宋，在此之上又根据自己的行政需求进行了大幅度调整，其中最为重要的自然是设置一级行政区划——行中书省，简称行省，即如今的省。由于蒙元建立之初征战不断，为指挥作战方便，效仿金派出行台尚书省或行中书省、行枢密院指挥地方的做法，以行中书省（偶尔也称行尚书省）的名义作为管辖新征服地区的行政机构。由于行省代表的中央三省地位崇高，可以政军财一把抓，赋予行政区长官极大的权力。同时，地方长官的地位也远高于前朝：行省同中央一样设有丞相、平章级别的高级官员，而本质为行政型军区，省以下各级区划官员都只能层层向上奏事，无法同朝廷直接发生联系，控制极端严密。

元朝行省权力如此之大，辖区又极为广阔，即便是小省也有数十万平方千米，自然需要在区划上做出限制。因此，元朝行省一反过去汉州、唐道、宋路的划分方法，几乎是无视中国最为重要的自然边界——秦岭、淮河、长江、黄河、南岭、太行等山川，刻意让每个行省都无法形成割据的形胜之地：陕西行省越秦岭而领汉中，让四川盆地从此“三巴不振”；湖广行省以今天湖南、湖北为主体，但又越南岭而有广西；河南江北行省合淮河南北于一体，中书省直辖地领有太行山东西两侧，兼有山西高原、华北平原和山东丘陵三种不同地理区域，如是种种，不一而足。

不得不提的是，元朝划分行省还给中国行政区划带来一个比较持久的影响，就是使得原本以横向为主的区划改为以纵向为主。中国的名山大川大都呈东西走向，因而唐代诸道划分在地图上就明显呈现横长纵短之形：像河南道从今豫西山地一直到山东半岛；江西道从贵州高原一直延绵至东海，横向跨度都在 1000 千米之上，但纵向却仅有 400 千米至 500 千米，仅有河东、河北和剑南三道限于地形而显得纵向狭长。但元代分省却明显呈现出南北长东西短之势，既破除了各省山河之险，又便于军事上从南至北实现控制。

当然，元帝国行政区划在细节上存在很多问题。首先，元代行政区划层次复杂，省之下还存在路、府、州、县。尽管人们大致能看出是省、路与府、州与县三级，但也存在“中书省上都路顺宁府保安州永兴县”这种五级齐全的行政区划奇葩。除此之外，由于元朝行省太过追求犬牙相入，使得每省都丧失防卫能力，到元末大起义时，农民军“来无所堵，去无所侦，破一县一府震；破一府一省震；破一省各直省皆震”。

不过，虽然元代设置政区失败，但犬牙相入设置行省原则还是被后来的明清所继承并加以改良。明代因为建都南京，南方本就为其根本，因而可以放心地将元代南方行省统统一分为二，让江西、福建重新恢复为拥有完整的地理区域，但在一些地区依然保持了犬牙相入的划分。在北方，朱元璋特地让河南跨黄河而兼有河北之地，而且还是较为富庶地区，宛如在中晚唐跋扈一时的“河朔三镇”床下设榻酣睡一般。此外，永乐十一年（1413 年），朱棣分湖广、四川和云南设贵州省，但在贵州北方却偏偏让四川领有遵义等地，即便是清雍正年间调整省界，贵州省定型后，从地图上看，其北面也被四川及后来分出的重庆紧紧钳制。

明开国时定都集庆路金陵（即今南京），而朱元璋的老家又在淮河南岸的凤阳，因而朱元璋在洪武元年（1368 年）以金陵和凤阳为两个中心，划分出一个涵盖了淮北、淮南和江南一部分的直隶（永乐迁都后改为南直隶）。这一举措的不同寻常之处就在于该行政区划同时跨越两条重要的自然分界线——淮河和长江。要知道，宋以前行政区少有跨淮或跨江，即便在元代也只有跨越长江的江淮行省和跨越淮河的河南江北行省。考虑到南直隶所在的地理位置和经济实力，朱元璋在将其他行省部分按完整地理区域划分的同时，人为设计出一个纵向政区，其中蕴含的深意不言而喻。明代此种大部分按地理区域，但关键地区和节点却刻意地人为制造出割裂的做法被清代所继承，甚至还有所发挥：清代从陕西析出甘肃省，分湖广为湖北、湖南都大体按天然界线，但唯有变财赋所处的江南省时却偏偏没有沿用历史习惯做法沿江淮横向切割，而是纵向将其分拆为安徽和江苏，让两省都包括了淮北、淮南和江南三个风土人情迥异的区域，既让经济发展程度不同的三个区域能够相互搭配，同时也变相应用了犬牙相入原则，以此控制对国家经济而言最为重要的江淮地区。自此，江苏也不得不成为路人皆知的所谓“散装”大省了。

都尉、都护、卫所、将军与盟旗：历代特殊政区

在被统称郡县制的政区之外，历代王朝在一些边疆和少数民族聚集地区还会建立一些准政区，其往往带有浓厚的军事色彩，成为中国行政区划制度中的特例。其中出现得最早的就是两汉的部都尉和属国都尉。

汉代都尉原为郡太守的副官，负责一郡的军政事务，但在边境地方，往往设一些都尉，他们掌管辖地成为实际上的军政区。而属国都尉则是专职管理少数民族的官员。汉武帝时，匈奴浑邪王率部降汉，

朝廷便将其安置在西北五郡故塞之外，设属国都尉以掌管，其编制也是直属朝廷管理少数民族事务的典属国。随着内附部族越来越多，到东汉时，属国都尉已经成为与郡平行，专门管理少数民族的特殊政区。

除都尉外，两汉还有一种特别行政区，即西域都护府，地位略相当于郡。此做法为后世所沿袭，唐代在天山南北分设安西大都护府和北庭都护府，其中北庭都护府直接辖县，与内地行政区已无差别。不过安西大都护府依然是以军事监护方式管理诸小国。在唐朝极盛时期，朝廷除西域之外，还在辽东（安东都护府）、漠北（单于、安北都护府）、越南北部（安南都护府）和西南（保宁都护府）驻地设都护府，其中单于、安北和安南均辖县，同内地州没有区别。

在封建时代，王朝为维持武备，常常也会设立一些军事色彩浓厚的特殊政区，其中名气最大的恐怕莫过于北魏六镇和明代卫所了。北魏六镇为北魏在皇始至延和年间于长城沿线创设的 6 个军事性统治防御单位，分别是怀朔镇（今内蒙古固阳县一带）、武川镇（今内蒙古武川县一带）、抚冥镇（今内蒙古四子王旗一带）、柔玄镇（今内蒙古兴和县一带）、沃野镇（今内蒙古巴彦淖尔市乌拉特前旗一带）、怀荒镇（今河北张北县一带）。六镇以镇和戍代替内地州郡，镇将和戍主代替刺史、太守和县令，内部实行部落统治的行政制度，实行军事管制。

同六镇脱胎于草原部落的模式不同，明朝的都司卫所在设立时，参考的模板是唐代的府兵。明朝在取得天下后，在边疆和各地要害之处遍设卫所。一般边疆卫所有自己管辖的地域和户籍，实为行政区划的一种，而内地的卫所多为纯军事组织。和北魏六镇一样，明代卫所在前期也为王朝对外对内战争起过重要作用，但到中后期就逐渐松弛荒废。清代陆续将卫所改为府州县。时至今日，人们只能从一些地名中看出昔日明代卫所留下的痕迹了。

清军入关之后，在继承明代行政区划的基础上，又根据自己的统治需要加以添补，将军辖区和盟旗制度正是诞生于此时。清朝发祥于东北，将此地视为自己禁脔，设盛京、吉林、黑龙江将军执掌东北军、民大权，并且实行旗民分治，设府州县管理非旗人的民政，而旗人事务则交由都统、旗佐衙门处理。后来，这便成为吉林、黑龙江等省名来由。

另外，在漠南、漠北蒙古以及青海、新疆等部分蒙古族游牧聚居区，清朝统治者因地制宜，在尊重当地风俗的基础上推行了一种新型盟旗制度。所谓盟旗，分则为旗，合则为盟，旗长官为札萨克。到了近代，这些盟旗名称纷纷化为地名，流传到今日。

文 / 李思达

循善求美

第二部分

认识中国的精神

让星象、阴阳指示方位

家乡地名蕴含的中国哲学

当人类先民生产力进步后，他们往往会向更广阔的天地进发。离开那些有着明显标志的聚居地之后，这些先民往往会用各种简单易懂的方式给新家园命名，因而在全世界出现了一大批带方位指示含义的地名。诸如欧洲的萨克森，就位于莱茵河下游的下萨克森；有日耳曼旧土，就有国名中带东部的奥地利（国名原意为东部边境国家），可见地名中带上下左右东西此类方位词，乃是一项“国际惯例”。

华夏先民自然也不例外，他们在中华大地开拓之时，也会根据自己的认识，给新领土起个带有地理方位标志意义的名字，流传至今的不少都成为现代中国人耳熟能详的地名，其中甚至有不少蕴含着中国传统哲学理念的地名。

地理与哲学，似乎是风马牛不相及的两个学科，却意外地在延续千年的中国地名中得到了辩证统一。我们可以从那些亘古相传的地名之中，管窥到华夏先祖对这个世界的特有认知和传统智慧，更能通过古老中国的哲学体系读懂那些由寥寥几个字组成的地名背后的深远寓意和美好祝福。

天地交互

农业生产离不开地理和气候，故而作为一个以农耕起家的文明，中华先民对天象与地理有着不同寻常的敏感认识。《史记·五帝本纪》记载，中华传说中上古贤君帝尧就曾经安排专门的星官去东南西北四方，根据各地特定时刻太阳星宿在天空的位置，确定春夏秋冬的具体时间，以此安排农业生产。虽然将其仅仅归功于尧或许并非事实，但从中也可看出中华先民很早就在生产实践中将天文、时间和地理相互结合在一起。不仅如此，他们还在后世发展出一套“天人感应”的哲学理论，将天上的星宿同地上的方位对应起来。拨开那些形而上学的唯心理论，后人还是能够从这些天地对应的理论和地名中，看到古代先民对宇宙的认知以及将天文知识运用于指导生产生活的朴素原理和思想精华。

在中国古代，“天人感应”理论中有一项重要内容，即所谓“分野”。其实是古人将天空划分成不同的星区后，将其与陆地上的行政区划一一对应。尽管这一做法在历代史书中留下的大多数记录，都是将天文异象与对应州郡所发生的天灾、叛乱等变乱强行联系在一起的占星术“成功案例”，但事实上“分野”体系在中国漫长的历史中还发挥着另一种更为现实的作用——指引方向。

在没有卫星定位甚至连指南针都是稀罕物件的中国古代，如何辨别方向和确定距离便成为一项亟待解决的技术难题。好在我们头顶苍穹之上还有那些位置相对固定的恒星。于是，一套基于星座的定位模式在先秦时代便应运而生。

“分野”的实际操作并不复杂，其原理是将天空划分成一个365.25度的半圆，再以恒星或星座指示方向，便能达到司马迁在《史记·天官书》中所说的“仰则观象于天，俯则法类于地”“天则有列宿，地则有州域”的效果。而通过《淮南子·天文》《史记·天官书》等古籍中与天文相关的记载可知，其划分办法是从角宿起算，或从寿星之次起算。即以角、亢、氐三宿所在宫位称为“中宫”，其他二十五宿则分别为东、南、西、北四宫。

之所以选择角宿为“中宫”，是因为其亮星正处于与赤道垂直的上空。在确定了中心点之后，二十八星宿便可以通过其与地域建立一一对应的关系。如南方的地域可以对应靠南的星宿，而北方的地域则对应靠北的星宿。同时基于经度的对应规则，在每月观察对应星宿从东方地平线上升起，并不受冬夏昼夜长短变化的影响，皆可在古代“中央时间”的上卯时（5时30分左右）观测。只是应按经度位置变更12个观测地域，不同的地域即对应不同的星宿。一些州郡甚至可以直接以星宿命名。

“十二星次”的作用极为宽泛，它们既能用于量度日、月、行星运动的位置，进而确定时令和节气，同时也能用于确定方位。东汉学者郑玄在注释《周礼·保章氏》一文时曾提出“十二星次”分别对应东周 12 个主要行政区域和诸侯国，而其中位于东北方向的星次“析木”便对应着燕国的地界。1012 年，辽圣宗耶律隆绪将隶属于辽阳府的花山县改名为析木县，更将辽帝国的南京幽州（今北京）改称意为“析木之津”的“析津府”，显然就是根据这种学说而来，成为以星次对应地名的典型。耶律隆绪为何对古老的“析木”如此钟情？世人不得而知。只是随着辽王朝的覆灭，幽州的析木县在元大德年间被撤销，只是今天辽宁省海城市东南还有一个析木镇，默默向后世展现着“天人感应”的古老智慧和朴素哲理。

虽然析津府最终消失在历史长河中，但今日中国以星宿为名的地方却不少。湖南省娄底市，便是以二十八星宿中的“娄”和“氐”星为名。娄宿含有 18 颗恒星，以星座而言位于白羊座、双鱼座和三角座一带，氐在中国天文星图中为东方青龙之胸，以其为青龙根柢而得名，位于天秤座、室女座和巨蛇座一带。据说娄底上空正是“娄”“氐”二星争相辉映之处，故而以两星起名“娄底”。至今，该市还有一区名为“娄星区”，直接对应娄宿。今安徽省淮南市下辖的寿县，其名字来源更是典型的“天人感应”式。按“分野”的理论，古代“郑、汴、陈、蔡、颍为寿星分”（《新唐书》），而寿县所在位置，恰恰可以对应天上的寿星宿，故而得名并流传至今。广西壮族自治区柳州市得名似乎也是如此，虽然有人说其名来自境内柳江，但考察《读史方舆纪要》《新唐书》，都提到此地在唐代原名“南昆州”。唐初“贞观八年改柳州，以地当柳宿而名”。不仅如此，湖南省省会“长沙”这一地名也有人说就来自二十八星宿中轸宿的小星“长沙”，虽然今天学者对长沙的名字来源还有其他各种说法，但恰如唐代文士

析木城石棚，位于辽宁海城市东南34千米的析木镇。石棚为青铜时代所建，集祭祀、埋葬于一体。由于位于东北方向的星次“析木”对应着燕国的地界，1012年，辽圣宗耶律隆绪将隶属于辽阳府的花山县改名为析木县，治所即在今析木城。

天心阁，位于湖南省长沙市天心区城南，原名天星阁，源于明代盛传的“星野”之说。按星宿分野，“天星阁”正对应天上“长沙星”而得名，因此这里曾是古人观测星象、祭祀天神之所。而“长沙”一名也有学者认为来自二十八星宿中轸宿的小星“长沙”。

张谓在《长沙风土碑记》中所云，“上为辰象，下为郡县”，人间的长沙终究是与天上的星辰密不可分了。

阴阳相辅

作为中国古代哲学中的一个重要概念。“阴阳”的提法早在商、周时代便已出现，在《易经·系辞上》中就有“一阴一阳之谓道”这样的提法。虽然历代学者对于这句名言有着各自不同的理解，但无法否认的是，“阴阳”几乎可以涵盖自然界中各种对立又相连的现象。以天文而言，太阳为阳、月亮为阴；以时令而言，则春夏为阳、秋冬为阴；以生命而言，则生前为阳、死后为阴。而在地名之中，“阴阳”则有一个约定俗成的使用规则。南宋学者洪迈在其著作《容斋随笔》卷十六《郡县用阴阳字》中便开宗明义地写道：“山南为阳，水北为阳，《榖梁传》之语也，若山北水南则为阴，故郡县及地名多用之。”即是说，从春秋时代开始，古代先贤便已然将山脉以南、河流以北称为山阳和河阳，而相对应的山脉以北、河流以南则被称为山阴和河阴。之所以出现山脉和河流两侧阴阳逆转的局面，据说是因为我国国土地势西高东低，直接决定了大多数河流水系的走向是自西向东。北半球的阳光大部分时间由南向北照射。古人以高于地面的山为视角，南为阳、北为阴；以低于地面的水为视角，河流北岸则成了阳面，南岸则是阴面，而这种以哲学名词暗示地名方位的做法，几乎为中华文化所独有，为今天中国贡献出一大批独一无二的地名。

有趣的是，在早期地名之中，中国的地名呈现出“阳盛阴衰”的局面。在东汉学者应劭所撰写的《汉书集解》中，出现的 248 个地名中，被称为“某阳”的地名总计有 41 个，而以“某阴”形式出现的地名仅有寥寥 3 个：山阴、汝阴和平阴。

这三个地名之中，山阴县地处钱塘江以南、会稽山以北；汝阴则相对于汝水以北的汝阳；地处河南郡的平阴虽然与隶属于河东郡的平阳相隔甚远，但因为地处黄河以南的交通要津，纵然在建安年间得以改名，也还是被唤作“河阴”。

从上述三个例子来看，汉代的地名似乎有一种“好阳恶阴”的趋势。除非避无可避，否则一个地方似乎并不愿意与“阴”扯上什么关系。而名称中带“阳”的地方，却往往能在汉代历史中留下响当当的名号。如西汉初年著名外交家郦食其便自称“高阳酒徒”。诸葛亮在讲述自身简历时，也自诩为“躬耕于南阳”。甚至隶属于南郡的小县当阳也因为赵云七进七出、孤身救主的故事而名满天下。

有学者认为，先秦两汉时代之所以带“阴”字的地名少，主要是因为山的南麓、水的北岸往往光照充足，夏季降水更充沛。同时，因为受到水流冲击较小，土质更为结实，非常适宜耕种，方便生产，自然也就成了人们聚居地的首选。而“阴”在古代写作“侌”，意为“正在旋转团聚的雾气”。所以环境条件相对没那么适宜生产，形成的大型聚居地相对较少，保留下来的地名自然不多。

这样的说法固然有一定道理，但随着生产力的发展，二者之间的区位条件差距正在逐渐缩小，某些位于山麓之北、河流以南的城镇更因为特殊的历史时代而被赋予无法比拟的发展优势，并一直流传至今。

今天陕西省渭南市所辖的华阴市，便是这样一个带“阴”字的地名。地名中的“阴”字让人们轻松想到它的具体位置——位于西岳华山北麓。华阴市虽然地处富饶的关中渭水平原，但由于交通不便而发展较为缓慢。然而塞翁失马焉知非福，在汉末至魏晋南北朝的乱世之中，华阴却因为地形复杂而得以远离兵燹，最终孕育出华阴杨氏这样的政治豪族。隋文帝杨坚开国之后，为了替祖上找个显贵出身而攀附上了华阴杨家，使得此地声名鹊起，从而一直度过千年延续到现在。

因位于汤水河以南而得名的汤阴，地处华北平原与太行山脉交会的交通要冲，自古便是兵家必争之地。但也正是在那些摧毁和重建的循环之中，磨砺出了汤阴人百折不挠的精神。由于此地有幸孕育了中国历史上著名的民族英雄岳飞，使得这座名字带“阴”的城镇一直流传至今。与汤阴类似的，还有地处江尾海头的江阴。有趣的是，这座城市历史上曾因地处一片名为“暨湖”的水泽以北而被称为“暨阳”，直至南北朝时期才因位于长江以南而被称为江阴。地处长江咽喉的江阴在近代史上曾多次以江防要塞的角色正面抗击外敌入侵。在新中国成立过程中，江阴率先举义，迎接“百万雄师”渡过被反动派引为天堑的长江。今天的江阴更以“中国制造业第一县”“全国县域经济和县域综合发展十六连冠”的美誉，如明珠般镶嵌在苏南经济带之上。

今天，中国带有“阳”字的县区级以上地名总计过百，其中既有省会级的沈阳、贵阳，也有如洛阳、安阳、襄阳这样的历史名城。与之相比，带有“阴”字的地名却仅有十几个。除华阴、汤阴、江阴之

兴国寺塔，位于江阴老城区西南的兴国公园中。“江阴”以地处长江之南而得名，在近代史上曾多次以江防要塞的角色正面抗击过外敌入侵，始建于北宋太平兴国年间的兴国寺塔即是“受害者”，直奉战争期间被占领黄山炮台的奉军炮弹打中，最高三层被削去一半。

I·WILL

外，较为著名的还有隶属湖南省岳阳市管辖的湘阴县以及江苏省淮安市下辖的淮阴区。

虽然仅从数量上看，中国的地名依旧呈现“阳盛阴衰”的局面，但大多数人似乎已然不再在意地名中的“阴”“阳”之分了。毕竟这个世界不可能永远阳光灿烂，唯有自强不息才能从容应对各种顺境和逆境。从这个角度来看，先贤所云的“一阴一阳之谓道”，何尝不是芸芸众生在这个世界之中福祸相依、否极泰来的生存状态呢？

五行生聚

同星宿融入地名类似，古人也将五行学说配合一定哲学融入地名，其历史最早可以追溯到秦汉时期，在成书于西晋的《晋太康三年地志》中便赋予了九州以不同的五行属性。如青州因为位于山东境内，便被认为“五行属木”；而地处西北的凉州则“五行属金”；中原地带的豫州则“五行属土”。不过古代五行学说与地名的联系似乎也仅限到州一级，具体讨论某一座城市属性的案例并不太多。当然，世事无绝对，西晋学者张华在其著作《博物志·卷六·地理考》中曾记录了一则围绕洛阳“属性问题”的趣闻：“旧洛阳字作水边各，汉火行也，忌水，故去水而加佳。又魏于行次为土，水得土而流，土得水而柔，故复去佳加水，变雒为洛焉。”

洛阳改名背后的政治逻辑这就很清晰了：依据战国时期的阴阳家邹衍利用五行相克的学说建构起解释权力更迭的“五德终始说”，定都于洛阳的东汉政权曾自称“天赋火德”，但水字旁的“洛”显然对

洛阳丽景门，金明洛阳城西门，始建于金兴定元年（1217 年），2002 年在原址上重建。洛阳因居于洛水之北而得名，汉光武帝刘秀建立东汉后，水字旁的“洛”对火不利，于是“洛阳”更名为“雒阳”，后来曹丕代汉称帝，以魏属土德，水土相宜，又改回“洛阳”，沿用至今。

火不利。于是光武帝刘秀大笔一挥，便将“洛阳”正式改名为“雒阳”。而篡汉的曹魏自以为奉行由“火德”相生的“土德”，需要水源的滋养，是以又将“雒阳”改回了“洛阳”，从此成为沿用至今的地名。

微言大义

我国是一个地形地貌极为丰富和复杂的国家，而汉字中往往只需两三个字便能描述和反映一个地方的大致特征，除了最具中国特色的星宿、阴阳之外，还有许多全球通用的方位、地点指示名词也被用在地名之中。如广东省高州市、山西省高平市、辽宁省阜新市、陕西省西安市高陵区、江苏省扬州市广陵区，一望可知便是建立在高原或阜丘之上；山西省太原市、太谷县，陕西省三原县、富平县，内蒙古包头市九原区，则仅从名字便能让人联想到平原或谷地。这其中的学问可谓博大精深。

除了地形地貌之外，地名之中往往也只需要一个字便能表示方位。如山东省、台湾省台南市的东山区、海南省东方市、北京市东城区、上海市浦东新区等涉及“东”的地名，自然便是位于国家或某个行政区域的东边。同理，西藏、西昌、南昌、南宁、北海、肃北等地名也都可以明确表示其所在方位。除了东南西北，上下左右中作为方位指示字眼进入地名，则在内蒙古自治区尤为常见，如苏尼特左旗、察哈尔右翼前旗、乌拉特后旗、土默特左旗、土默特右旗、科尔沁左翼中旗等。一般来说，这些地区以坐北朝南定左右，西部为右旗、东部为左旗、南部为前旗、北部为后旗、南北之间为中旗，不过也有地方以坐南朝北定左右，西侧为左旗、东侧为右旗、北部为前旗、南部为后旗，如通辽市和兴安盟的一些地区。

有趣的是，除了今天通用的东、南、西、北之外，中国古代“乾坤八卦”的方位体系也蕴含在地名之中。如因为西北为乾，西南为坤，所以陕西省乾县“以地在长安之乾隅”而得名。而唐高宗李治和武则天的合葬墓址选在此地，称为乾陵。吉林省乾安县，也因地处该省西北，为八卦中乾卦位，寓“西北平安”之意而得名。

曲折蜿蜒本是河流和山脉的常态，是以地名中带有“曲”字的城市大多与山水有关。山西曲沃县的地名由来便是“沃水之所潆洄盘旋也”，而河北曲周县，则以地处河曲、水徙而周得名。而文圣孔子的故里山东曲阜则是“鲁城中有阜，委曲长七八里”，因城中有蜿蜒曲折的土山而得名的。

世界是五颜六色的，大地是多姿多态的，地名作为一个地方的名片，必然也是色彩缤纷的。地名中的色彩，基本上都是客观反映当地的自然色彩现象，如赤峰市，因境内有红色的花岗岩石山，蒙古语为“乌兰哈达”，意为“红色的山峰”；云南省红河哈尼族彝族自治州，以境内的红河得名，红河以两岸为红色泥土、江水呈红色而得名。

除了这些比较常见、通用的方位指示词外，也有不少深具中华文化底蕴的字被用在地名之中，让了解中华文化之人一望便知此地的特点。诸如湖北省天门市、荆门市和安徽省祁门县，地名中都带“门”字，此地特征不问即知——一定境内有江，江上两峰对峙，宛如门户一般，正所谓“天门中断楚江开，碧水东流至此回”（李白《望天门山》）。对国人来说，地名中所蕴含的此种“两岸青山相对出，孤帆一片日边来”的情景，早已深深刻在中华文化基因之中。同样，如果一个地名中带有“浦、港、口”，此地必然是河边要害之地，如江苏省张家港市和连云港市、南京浦口区，湖北省老河口市，都是如此；而如果一个城市地名中带有“通”“利”，不用问，此地一定曾是交通辐辏的要害之所，如江苏省南通市古名通州，“据江海之会，南北之喉”，一个“通”正说明其处紧要位置；北京的通州区更是从金代开始就是“水路便利，漕运通济”而得现今的名字。

联合国第 5 届地名标准化会议第 6 号决议曾指出：“地名是民族文化遗产。”而作为历史文化最原始、最基本的载体，地名也是一个民族哲学思想最原始的表达。地名记录了人类探索世界、征服自然和发展自我的辉煌历史；记录了战争、疾病的浩劫与磨难；记录了民族的变迁和融合；记录了自然环境的变化，是社会发展的一面镜子。中华文化的发展离不开对传统哲学思想的批判与继承，离不开对地名、地名文化的研究和整理，更离不开对地名所蕴含的哲学信息的探索、挖掘和发扬。

文 / 赵恺

地利人和

先民对传统美德的赞美与向往

刘禹锡在《陋室铭》开篇谈及“山不在高，有仙则名。水不在深，有龙则灵。斯是陋室，惟吾德馨”。“仙”“龙”“德”三个概念本质上其实是诗人对于人文精神的抽象化表达，“山”“水”“室”需要“仙”“龙”“德”的点缀、提升与映照，方能得到远超其自然价值的人文升华。

在中国的地名中，有一类地名看上去平平无奇，但如果我们细细考究其来源背景，就会发现它们是通过对某个人物、某个姓氏、某座建筑的纪念，赋予了其对于美德的一些价值追求。名胜建筑与名人故事的背后，终究还是华夏先民对于忠、孝、仁、义、礼、智、信、友等传统美德的赞美与向往，它们仿佛是古人书写在大地之上的纪念丰碑，为后世的华夏儿女照亮通往真善美的方正之道。

筚路蓝缕以启山林：鸿蒙初辟的源起回响

文明的起源是一切民族神话传说的根源，开天辟地的盘古、河图洛书的伏羲、补天造人的女娲，自然受到华夏文化所及之各地的崇拜，在地名上也会有所反映。盘古山、盘古村、盘古乡、盘古镇，相对直白一些，皆以盘古为名。女娲在地名中主要体现为娲皇山、娲皇宫、炼石台等“小地名”，在祖国各地均有所体现，也要相对直白一些。

与伏羲有关的地名则相对间接一些，传说伏羲是其母怀胎十二年方才生下的，而十二年在古代也被称为“一纪”，所以伏羲氏的传说故里，在今甘肃省东南部天水市一带，就被命名为“成纪”，寓意“成于一纪”。又由于伏羲所制河图洛书，其实正是天文星象的反映，也奠定了日后农耕的华夏文明“观天授时制历”的传统基础。正因如此，成纪所属的区域在秦汉之时又被命名为“天水”，或许就是把“河图洛书”比喻为“天河之水”，把星象昭示的时令气候，比喻成浇灌田野的河水、雨水，也算是农耕民族独有的浪漫了。

耕田种地是农耕文明最核心、最基础的生产方式，能否成为上古帝王，亲自参与农事生产并为农技进步贡献才智，无疑是最重要的评选标准。传说炎帝神农氏教民种植，种出的粮食被誉为“嘉禾”，湖南省的嘉禾县便由此传说而得名；传说伏羲与神农在阳谷教民耕种谷物，山东省的阳谷县便因此得名；传说舜帝亲自在历山下耕田，山西省南部的历山、山东省济南市的历下区便得名于此；周人的祖先继神

稷王庙，位于山西稷山县城内西大街，始建于元初，清道光二十三年（1843 年）重修。传说舜时主管农事的稷官、古代周人始祖后稷死后葬于稷王山，于是后人建庙于城内，今日稷山县便由此得名，而稷王山周围依旧分布着大量元明清时期的稷王庙。

农之后主管粮食事务，官名就是“后稷”，“后”通“司”，“稷”为百谷之长，后世逐渐形成稷王信仰，并依附于高山，形成稷王山，今日山西的稷山县便由此得名。如今稷王山周围，依旧分布着大量元明清时期的稷王庙，便是稷王信仰在历代农人中的长久回响。

汉朝之后，亲耕成为《周礼》规定皇帝必须亲自执行的重大典礼，是皇帝作为天子，必须代天下苍生向上天祈求丰收的重要环节，所以上古圣王的亲耕事迹才会在地名中得到长期保留，流传至今。至于上古时期的这些部落酋长或盟主出身的传说圣王，究竟是在哪个地方种地，其实已经不重要了。新石器时代后期东亚大陆普遍进入农耕时代，相信有不少没有留下名号的酋长、盟主带领先民播下了粮食的种子。随着秦汉大一统的到来，这些结绳记事或口耳相传的圣王名号，自然难免被混淆、遗忘，甚至合并，这也解释了为什么尧舜禹会出现在广大的地域范围内。除了他们真的走遍了这些地方以外，也很有可能是后人混淆附会所致。

帝尧作为上古圣王中最受推崇的一位，在地名上也有近乎全套的体现。位于河北平原的唐县、行唐县与隆尧县，均与帝尧有关。帝尧号为陶唐氏，唐县可能是因为帝尧最初在唐县附近的唐河流域活跃，却在海水倒灌河北平原的自然威胁下，先向南，后向西迁徙，“行唐”便是“帝尧迁徙”之义的倒装。帝尧部落迁入今日的山西省后，经汾河谷地一路南下，直达日后被称为平阳府的临汾地区。山西南部襄汾县陶寺乡，临汾的曾用名平阳，均是帝尧迁徙事迹的历史地理表现。另外为了纪念帝尧，临汾市甚至把主城区命名为尧都区。值得一提的是，临汾市尧都区陶寺乡附近发现的陶寺文化，被考古学家认为很可能就是从河北迁徙而来的帝尧部落的遗存。尧的儿子丹朱虽然并未通过世袭获得部落联盟的统治权，却也被分封到晋东南地区，当地的长子县便以“帝尧长子丹朱”封地的缘由得名。

帝尧之后的帝舜，除了亲耕历山以外，也有一个“制作韶乐”的典故级著名事迹。它说的是帝舜制作了“韶乐”，引来凤凰这样的祥瑞至尊前来朝拜，并且“韶乐”也被日后的夏商周三朝视为重大礼仪场合所演奏的“国乐”，后来经过孔子闻韶乐而“三月不知肉味”的加持，“韶乐”进一步被视为君王与朝廷匡正天下的“国乐正音”，并被视为“礼”的必要辅助，与“周公制礼”并论。在湖南省与广东省，分别有一个韶山市、一个韶关市，二地之所以名“韶”，便是传说帝舜南巡时再次奏响了韶乐。我们无法确证帝舜究竟南巡到了哪里，但能够确定的是，帝舜演奏韶乐的得名传说，至少象征着华夏文明向南方山岳地区的传播。地名所反映的，未必是真实的历史，至少是文化的传播，就像本书开篇提及的“九州”概念一样。由于帝舜姓姚，所以他后代定居的地方，便被命名为“余姚”，当然这只是“余姚”得名的众多说法之一。

尧舜禹之后，也有不少帝王的事迹在特定历史条件下，融入地名写就的“大地之歌”中。比如河北省赞皇县，传说周穆王曾在此县境内山下击溃犬戎，因而封此山为赞皇，到了隋开皇十六年（596 年）当地设县的时候，便因此山而以赞皇为名。赞皇之得名，首先自然离不开那位周游天下、南征北战的周穆王，周穆王不仅北征犬戎，而且东征徐戎、南征荆楚、西会王母，是一位在史书与传说交互传扬下近乎传奇的帝王。他不仅长寿而且有传说他得道升仙，自然会成为各路地方传说当中的“常客”，甚至在汉代与西王母相配的东王公，都很有可能源自这位穆天子。考虑到东王公也被称为东皇公，赞皇之皇很有可能是这位化作东皇公的穆天子。另外，隋文帝年号开皇，在其开皇统治维持了十六年后，以赞皇作为县名，或许也有“赞颂开皇”的一语双关之用意。

帝王去世之后，在秦汉以后往往通过高大的帝陵作为其一世功业的丰碑，屹立于大地之上，先秦时期虽然没有高大的陵丘，却也被后世附会上了陵寝之制，所以我们能够看到不少带“陵”字的地名，其实都是来自“帝陵”。比如，传为黄帝陵所在的陕西省黄陵县、传为炎帝陵所在的湖南省炎陵县、传为舜帝陵所在的湖南省零陵区、传为神农氏陵所在的湖南省茶陵县、传为夏主太康帝陵所在的河南省太康县、传为晋襄公陵丘所在的山西省襄陵县（后与汾城县合并，现为襄汾县）、传为上古长寿之部落酋长彭祖之陵寝的四川省彭山区、传为上古娲皇女娲陵寝风陵所在的山西省芮城县风陵渡镇、传为赵武灵王陵丘所在的山西省灵丘县等。

秦代以后，帝陵影响地名的案例依然存在，不过数量上要远远少于上古，或许也是因为儒家文化推崇的上古理想之世，很难被后世超越，深受儒家思想影响的士大夫在一定程度上决定了地名的选用，这才导致后世皇帝很难成为区县级乃至地市级的地名吧？因秦始皇东临沧海而得名的秦皇岛、因隋文帝杨坚之泰陵所在而得名的陕西咸阳市杨陵区、因唐高宗武则天合葬之乾陵所在而得名的陕西乾县，几乎是仅存的案例了。或许，古人之所以要在地名之中把拥挤的位置更多地留给上古圣王，也是为了纪念他们在鸿蒙初辟之时筚路蓝缕的开创之功吧！

致君尧舜上：仁政理想的大地交响

“仁”，是中国先秦时期以孔子、孟子为代表的一批思想家在春秋战国大乱之世对上古时期的圣王贤人进行总结之后，提出的一个重返“治世”，甚至走向“理想国”的“救世之方”。关于“仁者”与“仁政”的思想，也成为后世2000余年间古代中国从王公贵族到平民百姓的一致追求，堪称华夏文明以及受到华夏文明影响的东亚地区乃至整个世界的“普世”价值。囿于时代的局限，君主制时代的古人最初期望的就是“仁者为王”，即让圣贤仁者成为皇帝君王，或者让圣贤仁者去教导皇帝君王成为圣贤仁者，这就使得掌管天下官民百姓的“明君”与在朝辅佐明君的“贤相”成为中国古代社会颇为推崇的一对组合。

诸葛亮无疑是中国古代贤相形象的第一楷模，他所隐居蛰伏以待明君的隆中自然也被视为“良禽择木而栖”“贤臣得遇知己明君”的贤相文化纪念地。由于诸葛亮所居的隆中，在当时的行政建制里属于南阳郡，而南阳郡的地名又被今日之河南省南阳市所继承，所以南阳城内的一处山岗便被附会成诸葛亮隐居的卧龙岗，卧龙区也由此而在1994年被设置。然而，现在的南阳市区在历史上其实一直被叫作宛城，宛城在张绣投曹后便处于曹操控制之下，考虑到诸葛亮与刘表治下名人的交际来往，诸葛亮势必不可能隐居在宛城附近，襄阳旁边的古隆中才是历史上诸葛亮的隐居之处。南阳市的卧龙区其实很可能是一个源自行政区划变迁的美丽误会，不过这种误会的背后，乃至于南阳、襄阳两地对于诸葛亮“卧龙”之处的争夺背后，其实也是官民百姓对于诸葛亮的持续敬仰所致，全国各地的卧龙岗、卧龙村、卧龙乡，其实很可能都是这种贤相崇拜的体现，内里还是老百姓对于“仁政”热切而朴素的追求。

这种热切而朴素的追求，在四川成都，还为诸葛亮“争得”了一个区县级地名——武侯区。武侯区得名于其境内的名胜——武侯祠，武侯祠原本并非以诸葛亮为主的祠庙，而是汉昭烈帝刘备的昭烈庙。如今我们去武侯祠游玩的时候，既能看到“昭烈庙”的大门匾额，也能看到刘备的帝陵陵丘，显然刘备才是原本的主角。然而，毕竟诸葛亮在成都的时间要远远超过刘备，诸葛亮在蜀地治理与北伐战争中表现出的鞠躬尽瘁，才是蜀地老百姓更能感同身受的。所以蜀人才会在时光流变中，把原本从祀刘备的诸葛亮变成了祠庙名头中的主角，进而把蜀汉官方的昭烈庙变成蜀民口中的武侯祠。

除了诸葛亮以外，还有两位上古贤相影响了地名的选用，一位是传说中帝尧的太师——蒲伊子，他隐居的地方被称为蒲子县，日后逐渐流变成今日的山西省蒲县。还有一位是商汤的相国——伊尹，伊尹曾经耕田于有莘氏的郊野，这就为有莘氏这一上古部落古国能够留存于地名中添加了一份保障，山东省的莘县便由此沿用至今。伊尹很有

成都武侯祠，始建于223年修建惠陵（刘备的陵寝）之时，其中武侯祠（诸葛亮的专祠）建于唐以前，初与祭祀刘备（汉昭烈帝）的汉昭烈庙相邻，明初重建时将武侯祠并入，成都武侯区便因境内名胜武侯祠得名。

可能出自伊川，属于上古时期伊侯国的后代，成汤也曾到伊川来请伊尹出山，所以如今的伊河、伊川县得名，固然有上古之伊侯国的因素，却也很可能是因为贤相伊尹光环的加持，方才能够在“竞争激烈”的区县级地名中留存至今。

在诸葛亮之后，还有两位贤相影响了他们故乡的区县级地名，分别是明朝的开国贤相刘基与明朝晚期官至次辅的徐光启。刘基也就是民间常说的刘伯温，浙江青田人，谥号“文成”，各路野史小说在明清之际甚至已经把刘伯温神化成孔明转世一般的存在，以至于他的故乡在 1946 年直接从青田县改为文成县。徐光启是明代松江府人，他的墓葬区与后裔聚居地日后变成了徐家汇，而徐家汇又随着上海的开埠通商，发展成为上海市的核心城区——徐汇区。

如果成不了明君贤相，也不妨成为一位仁人志士，能够在天地之间为天下苍生奔走，便是值得纪念的仁者，更是“仁政”得以实现的良好媒介，所以传统文化对于践行“仁义礼智信”的“圣贤与仁者”也是非常推崇的。

传说，先秦时期一代霸主明君晋文公重耳在其即位之前的流亡过程中，曾被一位叫作介子推的臣子用大腿上的肉填饱了饥饿的肚子，晋文公并未及时封赏介子推，介子推便和老母亲一同隐居于绵山之中。后来，晋文公想起了介子推就想把他请出山来，但用尽方法而不得，最后放火烧山，不幸把介子推和其母烧死在绵山之中。晋文公相当后悔，所以设立了寒食节来纪念介子推。如今的山西省介休市，便传说是得名于介子推，所以才被叫作“介休”。不过，考虑到介休原

徐光启墓，位于上海市徐汇区南丹路光启公园。徐光启是明代松江府人，他的墓葬区与后裔聚居地日后变成了徐家汇，而徐家汇又随着上海的开埠通商，发展成为上海市的核心城区——徐汇区。

本写作“界休”，也是春秋之初晋国势力的北界之所在，而此时晋国的都城又在今日之翼城、曲沃一带，介子推和晋文公也犯不着跑到相对不是那么安定的国境线上，“介休”最初可能还是“边界休止”之意，介子推的传说更像是后世附会的结果。

东汉时的尹珍是贵州地区最早见诸史册的大儒与官员，更是贵州地区办学传播中原文化的第一人。唐代为了纪念尹珍，便在其故乡设置了珍州。珍州在元明清时期逐渐演变为真州、真安州、正安县，便是对尹珍之表字“道真”的纪念。1941 年在抗日战争最为艰难时，有识之士便以尹珍之表字“道真”，在正安县东北又设置了一个道真县，也即今天的道真仡佬族苗族自治县。

也是在东汉时期，会稽郡东部都尉所在地有一个名叫董黯的大孝子，他的母亲对他相当慈爱，所以盛唐之世的开元二十六年（738 年）在此设置县城时，选用了“慈溪”作为县名。隋朝顿丘县的大孝子张清丰，孝顺父母并被举为孝廉，虽有隋文帝的诏命也不抛下父母入朝为官，因而在唐朝被魏博节度使田承嗣表奏，以“清丰”取代“顿丘”，成为新的县名，流传至今。

明君、贤相、仁者、苍生，是“仁政”得以运作的必备元素，这些元素之间的互动关系，就是仁、义、道、德、礼、智、信、忠、恕、孝、悌、慈、友、爱等构成了中国传统文化中人文精神的主干内容。这些内容也被直接运用到地名之中，比如山西省的怀仁市、孝义市，湖北省的孝感市，辽宁省的义县、桓仁满族自治县，浙江省的德清县，江西省的德兴市等。黑龙江的五常市更是以“仁义礼智信”所组成的“五常”作为其地名。这些地名不胜枚举，体现了古人对于“仁政”理想最为朴素却又真挚的追求。和将对重要人物、重大事件的记录直接体现在地名上的做法相比，此类经过“历史检验”的“优秀”代名词，终能在一方地名备选中脱颖而出，在以示铭记之外又为世代立起精神的灯塔。

楼台山水间的风雅：文人情怀的地名写照

诗词歌赋是中国古代文人感怀古今、寄情山水、诉说衷情的文学载体，诗经、楚辞、汉赋、唐诗、宋词、游记也因此而接连主导中国古代文学的潮流。其中又有不少名篇佳作成为脍炙人口的典故，这些典故甚至也“渗透”到地名里面，依托地名进一步宣扬典故背后的人文精神。

《诗经》作为中国古代文学史的第一座高峰，既是典故与成语的主要来源，也是人名、地名在选取时的重要参考。《诗经》中的典故所蕴含的文雅，更是中国传统文化一直持续追寻并保持的斯文、典雅与体面。

河南省的南召县，得名虽然很有可能来自方位与姓氏的组合，但“南召”也暗合了《诗经·召南》的篇名，而《召南》又是赞颂西周名臣召公治理有方的篇目，所以选用“南召”作为县名，自然也就古雅了几分。

湖南省的常德市，前身是武陵郡、朗州与鼎州，随着北宋末年章惇对于湘西山地的征讨经略，这里成为北宋对内用兵推进统治的前线，原本的羁縻州改制为军事单位——常德军，从而配合宋军对于山地边民的武力征服。之所以选用“常德”的名号，也是取《诗经·常武》篇中“有常德以立武事”的典故，期望将道德与武事综合起来实现对于湘西地区的开发。

除《诗经》外，先秦时期的各路传奇故事，也会因其符合文人怀古特质而被传为典故融入地名。比如，喜好细腰的楚灵王修建过一个离宫名唤章华台，由于里面安置了很多细腰美女，又被称为“容城”，此地就在之后的历史进程中，先后被取名为“章容”“华容”，流传至今便是湖南省的华容县。

对于故国宫殿的喟叹，构成了中国古代文学史上一个经久不衰的主题——怀古。这种文人气十足的怀古情怀，自然也影响了地名，那些象征了一个强盛政权盛衰变幻的建筑，获得了文人的推崇，进而影响各地地名的选用。比如，取名自赵武灵王修筑的宫殿群丛台的邯郸市丛台区、取名自秦朝宫殿所在区域的咸阳市秦都区、取名自汉长安城著名宫殿未央宫的西安市未央区、取名自汉唐古都长安的西安市长安区、取名自北宋汴梁城宫城建筑龙亭的开封市龙亭区、取名自南宋临时帝都临安府的杭州市临安区，都是对于历史沧桑变迁的怀古追思。另外，著名皇室亲王所修的园林，也会成为地名，比如河南省商丘市的梁园区、山西省太原市的杏花岭区、陕西省西安市的莲湖区，便分别是西汉梁王刘武、明朝历代晋王、明朝秦王朱樉修建的园林。

这种怀古情怀，甚至在近年来各大城市的建设过程中，随着城市管理的深化而必须新设辖区时，演化出选取城市古称来命名新区的新潮流。比如南京市的建邺区、江宁区，武威市的凉州区，张掖市的甘州区，酒泉市的肃州区，大同市的平城区、云州区，长治市的上党区等，便是典型实例。

当然，也有文人本身凭借“文名”而影响地名的事例。最为著名的便是四川省眉山市于 2000 年设置的东坡区。眉山是东坡先生苏轼的故乡，由于苏轼几乎是李白杜甫之后，在影响力上唯一能与李杜比肩的文学巨匠，所以他的老家才会在撤县设区的改制过程中，径直选用其流传度最广的居士号来命名主城区。另一个受到苏轼影响的主城区，要数杭州市西湖区了。当然，苏轼只是令西湖取得崇高文化地位的一大影响人物，白居易、钱镠、岳飞、苏小小传说、白娘子传说、张岱等文人墨客与市井传奇共同助力才是西湖能够从一个城郊湖泊“进军”地名的原因所在。

苏轼是一位游走于出世与入世之间的文化巨星，但也有不少文人分别选择了“出世”或“入世”中的某一端，或寄情于山水，或感怀于天地。在地名中，纯粹因其出世而成为典故并影响地名的，无疑是江西省南昌市的青云谱区。青云谱古建筑群因明末清初著名画家、八大山人之一朱耷的隐居而名垂美术史与文化史，而朱耷又是以明朝宗室后裔的身份身处明清鼎革之际，以书画作品寄托其出世之情。与朱耷相反，虽然远离朝堂却又在友人委托撰写的《岳阳楼记》中表达自身“先天下之忧而忧，后天下之乐而乐”的情怀，并且力主庆历新政与西北军务的范仲淹，也是后世推崇的“积极入世”的楷模。同为江南三大名楼，唯有岳

岳阳楼，地处湖南岳阳古城西门城墙之上，紧靠洞庭湖畔，下瞰洞庭，前望君山，北倚长江，因范仲淹《岳阳楼记》闻名，是江南三大名楼中唯一一座保持原貌的古建筑，岳阳市下辖的岳阳楼区便以境内岳阳楼命名。

阳楼能够成为岳阳市下辖的岳阳楼区，大概率还是因为范仲淹在《岳阳楼记》中所表达的这份“心忧天下”的家国情怀。

建筑往往会因文人咏叹而成为一些历史文化名城的地标，它们长久以“小地名”的身份保持在大地之上，随着这座名城城市管理的需要，而被选取成为新设政区的地名。西安市的碑林区便是得名于唐宋以来逐渐形成的石刻艺术、书法艺术与佛教艺术宝库——碑林。碑林的三类艺术（金石、书法与佛教）都是中国传统文人所亲近的文雅之事。碑林之被推崇，碑林区之建置，无疑是碑林的文化意义对于明清以降西安城产生深刻影响的结果。位于西安市东北的灞桥区，也源自汉唐古都通往东部地区的灞桥，由于长安在汉唐时期的帝都地位，灞桥上的离别便多了许多贤臣名将与文人骚客的高光加持。灞桥折柳，寓意友人之间的惜别挽留之情，也被2022年北京冬奥会用在了闭幕式的表演当中。虽然作为古桥形态的灞桥本身可能早已消散在历史的云烟之中，但灞桥背后所饱含的文化情结则实打实地通过唐诗宋词流传至今。

同样的事例还有南京秦淮河畔的秦淮区、南京鼓楼所在的鼓楼区、南京玄武湖所在的玄武区、安庆大观亭所在的大观区、宁波海曙楼所在的海曙区、太原老城门迎泽门所在的迎泽区、衢州烂柯山所在的柯城区、洛阳洛水与龙门山所在的洛龙区等，它们都是在建筑本体之外所蕴含的文化盛名促动之下，形成的新设市辖区。这一方面是对古代文人情怀的继承与呼应，另一方面也不乏新时代旅游市场对于名胜的导向与追慕。古为今用，古而新用，也算是古韵中国、古典情怀在大地之上复苏、重振的体现。那个诗意而典雅的中国，也借此跃然于新中国的行政区划版图之上。

有容乃大：三教九流的多元融汇

佛教是中国古代最为重要的一支外来思想与艺术，佛教的教义与艺术也深刻影响了中国历史。在地名方面，最为直观的就是“塔”字地名的高频次出现，我们能在区、县、乡、镇、村等各级地名中看到大量来自佛塔的地名。比如取自朝阳双塔的双塔区、取自辽阳白塔的白塔区、取自锦州广济寺塔的古塔区、取自县境塔院寺金塔的甘肃省金塔县、取自唐长安荐福寺小雁塔与慈恩寺大雁塔的西安市雁塔区等。

“塔”本为汉代开始对于古印度语之窣堵波（英译：Stupa）的音译，本义是佛陀或僧侣的舍利供奉之处。入华之后，除了依旧作为舍利供奉之处被佛教沿用外，也逐渐被用来作为城镇文脉的象征物、江边行船的标志物，并被赋予了瞭望远处的功能，与中国传统的楼阁建筑功能重合，逐渐可以登高远眺。位于河南安阳市天宁寺的北周时期古塔，本为佛教舍利塔，却被百姓俗称为“文峰塔”，进而影响了安阳市文峰区的取名。另外，影响邵阳市北塔区取名的邵阳北塔、影响延安市宝塔区取名的延安宝塔、影响漳州市龙文区取名的唐代龙文塔，都是临江高山之上的古塔，它们都兼具风水思想中的文脉文峰、水运过程中避免船舶撞山搁浅、登高瞭望观景观敌等功能，也算是佛塔入华之后的典型变化了。

一些城市的大寺也会成为地名，比如江苏省无锡市崇安区（后与

文峰塔，位于河南安阳，本为后周时期佛教舍利塔，却被百姓俗称为“文峰塔”，进而影响了安阳市文峰区的取名。

南长、北唐三城区合并为今梁溪区）的崇安寺、上海市静安区的静安寺，本身寺名的寓意就非常符合中国传统文化的吉祥寓意，这才被选作了地名。那么，有没有直接取名于梵语中佛教典故的地名呢？还是有的。舟山市的普陀区与上海市的普陀区便是得名于观音菩萨道场所在之小花树山（Potalaka），这座山的梵语音译便是普陀洛迦。另外，我国还有一些地名是因其所在之处曾有香火旺盛的佛造像或山峰形似佛陀，而被命名为佛爷坪、佛冈、佛山，陕西省的佛坪县、广东省的佛冈县与佛山市，名称便是这么来的。

我国本土宗教道教也在地名之中有所体现，比如以张三丰祖庙金台观命名的陕西省宝鸡市金台区、以紫阳真人张伯端修行所在地命名的陕西省紫阳县、以悬壶济世的西晋道士潘茂名命名的广东省茂名市、因云游天下的仙人李意期命名的四川省绵阳市游仙区、以何氏九兄弟在九鲤湖炼丹成仙事迹命名的福建省仙游县、因东南沿海常见之“赤松仙子”黄初平之黄大仙祠香火鼎盛而得名的香港特别行政区黄大仙区，均是因为道教真人或传说中的升仙之人命名的地名。

值得一提的是，四川省成都市的青羊宫，《蜀王本纪》记载：“老子为关令尹喜著《道德经》，临别曰：‘子行道千日后，于成都青羊肆寻吾。’”再加上唐朝对于老子与道教的高度推崇，甚至李氏皇族还把自己视为老子李耳之后代，老子入蜀的传说与唐玄宗、唐僖宗二度入蜀到成都避难的史实相叠合，自然强化了青羊肆的地位，并在唐僖宗的诏令下，升格为青羊宫。皇家认证的老子驻地，香火自然旺盛了千年，成为成都知名道教宫观，并进一步成为“青羊区”的得名缘由。

青羊宫，位于四川成都市一环路西二段，侧依锦江，始建于周朝，原名青羊肆，在唐僖宗的诏令下升格为青羊宫。皇家认证的老子驻地，香火自然旺盛了千年，成为成都知名道教宫观，并进一步成为“青羊区”的得名缘由。

除了佛教与道教之外，也有不少地名是反映古人生活的存在，虽然这些地名往往比较晚近，均为宋元明清工商业大发展以及资本主义萌芽之后的产物，但它们就像是地图上的《清明上河图》一般，反映着古代社会的方方面面，也算是人文精神的具象写实了。

江西省的浮梁县得名于砍伐山林的木工，木工砍下的山中林木，通过江上水运漂浮到需要交付木料的地方；香港油尖旺区的油麻地，原本是周边渔船维修中所需桐油、麻缆之商贩的集中售卖地；广西的贺州八步区，是“八铺”的讹写，“八铺”是当年广东商人来此买卖珠蚌时设立的八个铺面。香港特别行政区、珠海市香洲区、中山市的前身香山县，都是香料产地或香料贸易集散地，它们都是受到唐宋以降王公贵族的影响开始流行熏香，并在大航海时代初期香料贸易的双重影响下，形成并巩固的地名。地名的背后，甚至可以串联起一部中外商业交通史。

提及交通，中国现有地名中，有大量包含“亭”“店”的地名，其实最初很可能都是官方驿道上的驿站，比如甘肃省华亭县、河北省乐亭县、海南省保亭黎族苗族自治县，以及河南省驻马店市，辽宁省大连市普兰店区、瓦房店市，山西省太原市小店区等，都是围绕着古代不同时期的驿站，利用其交通要道之属性，发展起来成为市镇县城的。其中的瓦房店，甚至表明了当时此地的驿站是用瓦铺顶，而非茅草铺顶的房子。要知道，中国古代基层社会的房顶，绝大多数是以茅草为主的，瓦片铺顶算是条件相当不错的驿站了，所以“瓦房店”才能成为一个可以识别的小地名，进而逐渐升格成为如今的县级市。

传统中国终究是个以农耕为主的国度，以家族为单位、凭借必要的水利建设进行农事生产，是古代中国的基层社会之主体产业形态。从地名中，我们也能整合出一套生动的农耕图景。深圳市的福田区、福建省的莆田市、吉林省的农安县，以及各地因庆贺或期盼粮食大丰收而取的地名，基本上也算是中国各地各级地名中较为常见的一个大门类了，对于封建王朝的统治者而言，像山东省惠民县、河北省昌黎县这样的地名，也是基于农耕为本的经济基础，而寄托“民为邦本”人文思想的地名写照。

对于农事活动而言，好的天时气候固然是季风气候下需要时刻谨记的“生产法则”。通过人为干预调整水文条件的渠、堰、塘、坝等水利建设，无疑也是“地利”与“人和”的具体表现。像新疆维吾尔自治区的乌鲁木齐市水磨沟区、五家渠市，湖北省的十堰市，四川省的都江堰市，福建泉州市的丰泽区（丰泽斗门），便是地名之中那些在当地农事生产活动中，发挥重大水利贡献之水利工程的客观反映。古代农业水利工程的背后，或许也是中国古代所讲究的“天时、地利、人和”相结合思想的最初来源。

文 / 寒鲲

止戈为武

那些寄托和平向往的地名

在中华版图上，带有诸如“安”“宁”“镇”“定”之类汉字的地名并不少见，从其字面意义就可以知道，这体现了长久以来人们对于和平生活的向往。

平乱的见证

中国有着悠久的军事史，这在地名上也有所体现。比如甘肃省省会兰州别称“金城”，源自西汉时期设立的“金城县”（今兰州市西固区）。汉武帝年间，汉军从匈奴人手中夺取河西走廊。金城雄踞黄河岸边，乃是西汉朝廷在兰州一带修筑的第一要塞。就连其名字也体现出战场的气息：“称金，取其坚固也，故（墨子）曰‘虽金城汤池’。”（《汉书·地理志》注）

不过老子也说过：“兵者不祥之器。”中华民族是爱好和平的民族，向来不主张穷兵黩武。即便经历战事，人们也希望能够“止戈为武”，使硝烟永息，百姓得享太平之福。比如雍正元年（1723 年），和硕特蒙古贵族罗卜藏丹津在青海发动叛乱。因其不得人心，短短一年就告失败。是役之后，清廷大大加强了对青海地区的统治，并在今天青海省东部的河湟一带派官设治。雍正八年，清廷在黄河之畔设立了“循化”营，取“遵循王化”之意。乾隆二十七年（1762 年）进一步移河州同知于此，升格为循化厅。这就是今天循化撒拉族自治县的前身。有趣的是，宋朝在当地就建有一座“循化城”，但清人对此并不买账。乾隆年间的《循化志》即载，本地是“御赐嘉名”“偶合于宋耳，非复旧名也”。

话说回来，这次叛乱的罪魁祸首罗卜藏丹津逃跑有术，眼看大势已去，他竟然“易妇人服以遁”，逃往准噶尔部。当时的准噶尔部割据西北，实为清朝劲敌。直到 18 世纪中期，准噶尔部统治集团迭遭内讧，乾隆帝抓住时机果断发兵（1755 年春）。清军分为西、北两路，不到百日就进抵准噶尔部的统治中心伊犁。又经过数年战事，1759 年 8 月，清军抵达喀什噶尔（今喀什），平定大小和卓之乱。这年秋天，天山南路完全平定。清朝完成了对整个新疆的统一。

这次战事在新疆大地上留下了不少地名的印记。清廷为解决新疆驻军的军粮问题，以天山北麓为主大兴屯田。乾隆二十三年，清政府在乌鲁木齐东北处设立军屯，留兵屯田，5 年后，又将驻防乌鲁木齐的偕眷兵 500 余户派往此地屯田。在屯田的基础上，这里逐渐形成了城镇，到了乾隆四十一年，清廷在此建县，以“物阜民康”之意定名阜康县（今阜康市，属昌吉回族自治州）。

另外，随着“总统伊犁等处将军”府的设立，伊犁成为清代新疆的政治、军事中心。清政府为了巩固边疆，在此掀起开发建设的高潮。其中除声势浩大的农业屯垦外，当数遍布伊犁河谷的城池建设，人称“伊犁九城”。从其中的惠远、宁远、绥定、惠宁等城堡的命名里，也可以看出清廷对边疆安定的期许。随着新疆正式建省（1884 年），郡县制度开始全面推行。“伊犁九城”中的“宁远城”便改设宁远县。民国肇造之后，中央政府清查各地的重复地名，发现当时全国居然有五个宁远县（分属湖南、甘肃、绥远、奉天、新疆）。于是除了湖南的宁远县（今属永州市）得以保留原名，其他几个统统改名。比如以明末袁崇焕“宁远大捷”出名的奉天（今辽宁省）同名县就改成了兴城（今属葫芦岛市），而新疆的宁远县也取“伊犁安宁”之义，改为“伊宁”。如今，伊宁市已经成为伊犁哈萨克自治州州府所在地。

同样与平乱有关的地名，还有遵义。这座人口比贵州省省会（贵阳）还多的城市在明代叫作“播州”，“其域广袤千里”。当地虽名义上是隶属四川的“播州宣慰司”，实际上却是杨氏土司的“独立王国”。这个家族自称祖上来自太原，自唐末起持续割据播州长达 700 多年，承袭近 30 代，势力日盛。万历年间，当时的播州土司杨应龙逐渐生出不臣之心，不仅服饰、乘舆全数“僭越”，还在门上大书“半朝天子”，气焰十分嚣张。

万历二十七年（1599 年），明廷出兵平乱，这就是被列入“万历三大征”的“播州之役”。朝廷从浙江、福建、广东、广西、山东、山西、天津、陕西、云南等地调集20多万大军，向播州进军。明军装备有先进的火器，其主要将领又刚刚经过抗倭援朝战争的锻炼，很快在战场上取得优势。万历二十八年六月，明军攻下杨应龙困守的海龙屯要塞。杨应龙自缢，其家属党羽都被抓获。播州之役就此结束，从出师之日算起，用时不过114天。

杨氏土司的统治地位就此宣告结束，明朝廷在播州“改土归流”，纳入郡县管辖。万历二十九年四月，“播州宣慰司”改为“遵义府”，治所在遵义县（今遵义市）。“遵义”之名，来头不小。《尚书·洪范》里有一句“无偏无陂，遵王之义”，意指遵守成法道义。以此看来，明朝廷改“播州”为“遵义”，其意甚明：希望此地从此之后归附朝廷，勿再生出叛逆之心。

安宁的期许

除了中央政权平乱之外，在中国历史上比较多见的另一类战争是由于封建统治阶级压迫而爆发的农民战争。朝廷在镇压起义之后，也希望通过以更改地名的方式绥靖地方，恢复安宁。安徽省南部旌德县的名称，便是因此而来。

旌德地处青弋江上游山区，在唐代原本是太平县（今黄山市黄山区）的辖地。唐宝应元年（762年），太平县上泾乡乡民王万敌聚众造反，抗捐抗粮，一时震动宣、歙（今皖南）两州。唐廷急令江淮招讨使袁傪率兵南下，将起义镇压下去。这次战争规模虽然不大，但朝廷感到当地地势不便，难以治理，于是决定划太平东北麻城等九乡另

贵州播州海龙屯遗址，位于遵义汇川区龙岩山东麓，是宋、元、明时期西南播州杨氏土司文化的重要遗存，明朝廷在播州“改土归流”，纳入郡县管辖后将“播州宣慰司”改为“遵义府”。

置新县，县名就叫作旌德，取义为“彰扬礼德，教化县民”——知礼有德，自然不会叛逆朝廷了。

相比王万敌的起义，北宋末年爆发的方腊起义规模就要大得多了。在 1101 年即位的宋徽宗赵佶，有相当高的文化修养，花鸟画、瘦金体书法都极出色，唯独不是一个合格的皇帝。《水浒传》第一回说他做端王时赏识一个会踢球的高俅，后来做了皇帝，提拔其当殿前都指挥使，官封太尉。这在历史上居然实有其事。读过《水浒传》的都知道高俅可恶，可是他在时人所列“六贼”里竟榜上无名，可见朝政黑暗的程度。

贼人横行，天下人自然起而讨贼。宣和二年（1120 年）底，江南的睦州青溪人方腊率众在歙州歙县（今属安徽省黄山市）七贤村起事。十来天工夫，起义军就有了好几万人。方腊组织部队，一鼓作气攻下包括杭州在内的 6 州 52 县。开封朝廷为之震动，令宦官童贯（“六贼”之一）统兵南下。童贯所带的部队，有相当一部分是精锐的西北边军，用来对付刚刚武装起来的农民，自然绰绰有余。起义军所得各城相继失守，方腊退居青溪县的帮源洞。此洞坐落在深山中间。裨将韩世忠在山谷中从一个妇女口中问得途径，才冲进洞中，于激战后捉得方腊。谁知大将辛兴宗在洞口截住，把方腊劫走，说成是自己的功劳。宣和三年秋天，方腊在汴京问斩，余部坚持到第二年（1122 年）才完全失败。

战事终于平息了。惊魂未定的宋朝廷决意更改地名，抹去这次起义的痕迹。方腊的家乡是睦州青溪县，又是在歙州率先起事，于是这几个地名全数遭到改动。歙州改为徽州，睦州易名严州。后来当地文人解释，“以严名州，子陵高节故也”（元方道睿《思台文集》序）。说“严州”是用来纪念东汉时在此隐居的名士严子陵，这恐怕并非宋廷本意。因为若将歙州与睦州的新名字联系起来看的话，“徽”本意是绳索，“严”有“紧密”的意思，显然带有严密约束百姓的意味。至于睦州（严州）下辖的青溪县则被改成了淳化县。“淳”有“敦厚”的意思，“化”自然不出“教化”之意，比起原本因地得名的青溪，这个新县名的象征意义不言而喻。到了南宋年间，淳化又被改成“淳安”，其所取的“淳而易安”的指向性就更加明显了。顺便说一句，随着 20 世纪 50 年代千岛湖水库的建设，邻县遂安也并入了淳安县（今属浙江省杭州市）。因此虽是同一个淳安县名，如今的辖区要比古时大得多。

在与古时起义有关的地名里，还有一种比较独特的情况，就是对协助朝廷镇压起义者的嘉许。台湾省的嘉义（市、县）名称的由来就是如此。清廷收复台湾后，对当地治理并不十分重视。乾隆年间，“各省吏治之坏，至闽而极；闽中吏治之坏，至台湾而极”（清徐宗干《斯未信斋文编》），连乾隆皇帝也说，台湾府（时属福建省）地方官“积弊相仍，可谓废弛已极”。在这个背景下，林爽文在乾隆五十一年十一月（1786 年 1 月）率众起义，所到之处民众纷起响应。清军一度只能退守台湾府城（今台南市）、鹿港（官府指定为台湾对渡泉州的官方口岸，今属彰化县）与诸罗县城这三个据点。清廷先后调派福建陆路提督、水师提督统兵渡海镇压，历时一年仍旧不能得胜。最后乾隆帝只能派出心腹重臣福康安统领重兵，终于生擒林爽文送往北

千岛湖风景区，又称新安江水库，位于浙江省杭州市淳安县境内。1959年，为建造新安江水电站，原淳安、遂安两县合并为现在的淳安县，“淳安”一名取“淳（敦厚）而易安”之意。

京凌迟处死，才算把起义镇压下去。

此役前后历时一年零三个月，参加人数达数十万，堪称台湾岛历史上规模最大的一次农民起义（也被乾隆帝列入自己的“十全武功”）。清廷的善后处置之一，就是将诸罗县改成了嘉义县。诸罗这个名词，来自当地高山族的“诸罗山社”。林爽文起义时，一度围攻诸罗城长达 10 个月，却遭到官兵与义民的顽强抵抗，终未得手。史料记载，城内“官兵无暇造饭，仍系绅耆铺户煮饭送各队伍，并挑送凉水”。为了“嘉”奖诸罗县民的“义”举，于是将“诸罗”改为“嘉义”。

驻军的孑余

由于频仍的战事所需，历朝历代都将掌握一支强大军队视为头等大事。既然有军队，自然就有军营。在中国各地，与之有关的地名是颇有一些的。就拿山东来说，文登市内有文登营、营南、营前，淄博市也有李家营。这些“营”就源于当年军队驻地的营房。与之相距甚远的江苏省如东县（今属南通市）以前有个镇干脆就叫作“兵房”（现并入大豫镇），也是因为民国初年有盐警驻此建造营房而得名。

而在县市地名里，与军营相关的“线索”似乎不这么直接，但细细查之，仍有不少。比如河北省面积最大的县是围场满族蒙古族自治县。“围场”这个县名显得很怪，这是因为在清代，这里是皇家猎场——“木兰围场”的所在地。作为禁地，当时这里禁止普通人居住，只由朝廷派出的八旗兵驻守管理。清代中后期，皇帝不再到此打猎，围场管制渐弛，平民逐年移居于此。于是清末索性在这里设“围场厅”，后来又改作“围场县”。

不过，与军营相关地名的主要渊源，还是明代设立的“卫所”。所谓“卫所”，是明朝的一种带有军事性质的地理单位。洪武年间，明廷在全国的各军事要地，设立军卫，其中多者称“卫”，少者为“所”：5600 人为卫，1120 人为千户所，112 人为百户所。官兵都以家庭为单位居住于卫所，实行世袭制度。明太祖朱元璋对自己创立的这种“寓兵于农”的制度很得意，还曾夸口“吾养兵百万，不费百姓一粒米”。随着卫所军户人口的繁衍，从明代中期开始，其军事色彩逐渐消褪，变得与普通州县没什么两样了。到了清代雍正年间改革行政区划时，卫所制度便彻底废除。只有一些改设为府、厅、州、县的卫所，在地名里仍然留下了当年作为屯兵之处的痕迹。

今天的青海省省会西宁市，就与卫所有着一段渊源。洪武六年（1373 年），明朝设置西宁卫，取义为“西陲安宁”。其管辖之地甚广，“西至今湟源县与湟中县分界处；北至今大通县塔尔乡一带；南以拉脊山为界；往东包括互助县南部、平安县、乐都县、民和县，直到黄河界”。雍正二年（1724 年），西宁卫改设西宁府，首县为西宁县，到民国三十四年（1945 年）又撤销西宁县，设立了西宁市。不过，西宁虽有卫所的经历，但“知识产权”不属于明朝。毕竟早在宋元年间，这里就是西宁州了。

相比之下，宁夏回族自治区的中卫市则是一个“根正苗红”的卫所“孑余”。在明代，宁夏是个边疆军事重镇。据《大明会典》记载，明代宁夏驻军达 7 万余人，仅宁夏平原就有多达 156 个驻军堡寨，即“村落多土坦环峙，兀为堡寨”。按今天的行政区划，宁夏南部设有“固原镇”，北部则为“宁夏镇”，所谓九边重镇，宁夏一隅居然独占其二。其中的宁夏镇下辖七个卫（宁夏卫、宁夏前卫、左屯卫、右屯卫、中屯卫、宁夏后卫与宁夏中卫）。到了清雍正年间，其余卫所或是废弃，或者改名（如宁夏卫改成了宁夏县，即今银川市前身），唯独宁夏中卫不但成功改制成县，还径直称为“中卫县”。“中卫”这个名称也因此留存至今。

相比“中卫”的名称来源于“卫”，辽宁省抚顺市在明朝的级别则要低一些——它在当时只是一个“千户所”。洪武十七年（1384 年），明军建起了抚顺城，隶属辽东都指挥使司沈阳中卫。虽说是个小城（周围仅三里），抚顺的地理位置却十分重要，它是当时辽东城（辽阳）以东的边防重镇，是明朝与女真“建州三卫”往来的要冲。抚顺城东二十里的马市就是建州女真与汉民互市贸易的场地。乾隆帝前往永陵（努尔哈赤祖先的陵墓，位于今新宾满族自治县）祭祖路过抚顺时，曾在诗里对“抚顺”之名做了解释：“洪武城抚顺，意在抚顺我。”（《抚顺城》）他当然是站在满族（女真）的立场上说这番话的。

实际上，除了抚顺这样的“所”，在明朝的辽东都指挥使司辖下的多达 25 个“卫”里，也不乏后来成为城市名称的例子。比如海州卫“控东西之孔道，当海运之咽喉”，就是今天的海城市（今属鞍山市）。另外，位于辽西走廊的绥中县（今属葫芦岛市）也值得一提。

宁夏中卫境内的明长城遗址，沿黄河修筑。在明代，宁夏是个边疆军事重镇。中卫市便是一个“根正苗红”的卫所“孑余”。清雍正年间，宁夏中卫不但成功改制成县，还径直称为“中卫县”。“中卫”这个名称也因此留存至今。

对于建都北京的明王朝来说，“密迩京城”的辽西走廊的战略地位十分重要。这条负山面海的走廊，实为沟通山海关内外的最便捷通道。因此，明朝开国以后，就在这里密集设置卫所（广宁卫、宁远卫等）。明朝与后金（清）的战争开始后，明军更是以这些卫所为基础，构筑了一条以宁远和锦州为中坚的“宁（远）锦（州）防线”。正是因为这道防线的存在，令努尔哈赤与其子皇太极（清太宗）如鲠在喉而不敢正面进攻，直到明朝灭亡，清军都不曾攻破山海关，盖因此也。遗憾的是，辽西一带的“卫”，后来名称得以保留的很少。广宁中后所算是其中的“特例”。清末在中后所设县时，据说就取“中后所平安绥宁”之意，起名为绥中县。

但愿海波平

实际上，明代的卫所建设堪称中国古代最后一次大规模“造城运动”。在遍布各地的明朝卫所里，还有一个比较特别的类型。所谓“海之有防，历代不见于典册，有之自明代始”（清蔡方炳《海防篇》）。在中国海防史上，明代的地位至关重要，它第一次建立起了较为完整的海防体系——其标志就是散布在海岸线上的卫所。比如上海市的金山区，其前身就是明朝在此设立的“金山卫”。

这些沿海卫所的防备对象，主要是倭寇。名将戚继光的诗句“封侯非我意，但愿海波平”就反映了当时倭寇袭扰导致海波不平的实际情况。大体而言，“东南沿海各省之被侵，以浙为最甚。而浙中各府之受祸，以宁波及其邻郡台、温为最甚”（《明代温州倭寇编年》）。

因此，根据《明史》记载，明朝开国初期，朱元璋就派遣大将汤和前往东南沿海主持海防建设。汤和“度地浙西东，并海设卫所城五十有九”。如此，浙江的海防卫所体系基本成形，这一体系在地理上最直观的体现就是地图上一度出现了多达59座军事城市（卫所）。

其中观海卫（今属宁波慈溪市）与金乡卫（今属温州苍南县）的名称一直保留至今。虽然早已变成了寻常乡镇（观海卫镇与金乡镇），但这两个地方毕竟保留了当年卫所的残迹。由于当年戍兵来源的不同，这两地至今还是语言地图上的“方言岛”。更有趣的是，观海卫所说的“燕话”是个吴方言包围下的闽方言岛，而金乡话正好相反，是闽方言包围下的吴方言岛。

而最能体现这些沿海卫所建立初衷的，当属“定海”卫。这个地名可以说也存续到了今天，只不过“搬”了个家。明初的定海卫，其地设在甬江出海口一带的定海县。由于当时实行的“海禁”政策，舟山群岛上原有的昌国县在洪武二十年（1387年）被裁撤，其地归入了大陆上的定海县，使得舟山群岛上只剩下一个昌国乡，同时设有定海中中所、中左所。到了清朝康熙年间，舟山群岛的战略地位得到朝廷重视，于是清军将定海镇迁到了这里，并改名舟山镇。当地官员进一步准备建县，奏折到了紫禁城，获得康熙帝批准。不仅如此，康熙帝还以“山名为舟，则动而不静”为由，将舟山改名“定海山”，因此舟山群岛这个新建县，也就顺理成章地名曰“定海县”了。不过这样一来，与舟山群岛隔海相望的原“定海县”又该叫作什么名字呢？这当然难不倒博大精深的汉语，既然“定”“镇”同义，改为“镇海县”也没什么毛病，与新的定海县一起划归浙江省宁波府管辖。这一番令人眼花缭乱的变化到此还不算完。1985 年之后，拥有几百年历史的镇海县宣告撤销，沿甬江重新划分为西边的镇海区和东边的滨海区（旋改北仑区），均隶属宁波市。近代的镇海是“宁波帮”重镇，名人辈出（如邵逸夫与包玉刚），由于撤县设区时一分为二，许多镇海县出身的名人，如今其实都不算“镇海人”了，这其中就包括国民党军将领胡宗南。他的出生地镇海县霞浦镇，现在已经变成了北仑区霞浦街道。不仅如此，因地利之便，镇海人在近代大量迁往上海（1914 年镇海人口数为 36 万，1947 年反而只有 29 万），如今籍贯“镇海”的上海人为数不少，其中究竟有多少今天应当改为“北仑”，就更加是笔糊涂账了。

与“定海”“镇海”意涵相类的“威海”，在明代也是一个沿海卫所。洪武三十一年（1398 年），明朝政府就在山东半岛的最东端设置了“威海卫”。有明一代，威海卫都是海防重镇。当时的威海卫，“设指挥二十员，镇抚二员，左前二所千户十员，百户二十员”，守军多达千人左右。永乐四年（1406 年），倭寇大举来犯。威海卫指挥佥事扈宁率领官兵在城里居民的支持下，与倭寇血战三天三夜，倭寇始终没有攻破卫城。这时候，援军赶到，内外合力击退倭寇。这也是威海设立卫所后在海防上做出的第一个贡献。

随着倭寇之乱在明代中后期的逐渐平息，威海也同散布在海岸线上的许多海防要塞一样归于平静。特别是在清朝中前期，几百年间，威海（当时已经撤除卫所）一直默默无闻。让它回到历史舞台中央

中国甲午战争博物馆坐落于山东威海刘公岛上。洪武三十一年，明廷在山东半岛最东端设置“威海卫”，作为“威震海疆”的海防重镇。其后几百年间，威海（当时已经撤除卫所）一直默默无闻。晚清的近代海军建设又将其推到了历史舞台中央。

的，是晚清时代的近代海军建设。根据洋务派大员郭嵩焘记载，当时西方舆论认为，“旅顺口形势不及威海卫之扼要，将来北洋似应以威海为战舰屯泊之区，而以旅顺为修船之所，较为合宜”。日后北洋海军的实际情况，正是如此。

1887 年，清政府决定在威海刘公岛建设北洋海军基地。为了保证北洋舰队的停泊之地不受攻击，清政府又不惜巨资，在威海建起了炮台。李鸿章有一段话流传甚广：“就渤海门户而论，已有深固不摇之势。”这正是他在 1891 年亲自到威海检阅北洋海军后有感而发。

遗憾的是，不过数年之后，威海这一渤海门户就在甲午战争的硝烟中沦陷了。1894 年 9 月，日寇入侵，黄海掀起海战，北洋航队受到重创。1895 年 2 月，“镇远号”于威海卫海域被日军捕获，代理舰长杨用霖在舰上自杀殉国。威海卫军港的炮台等海防设施也被日军毁坏殆尽，清政府苦心经营的北洋海防体系化为乌有。虽然威海的地名因北洋海军的短暂崛起而闻名中外并流传至今，但腐朽没落的晚清政府，注定无法实现“威震海疆”的梦想。

和平的向往

因为甲午战争的失利，代表清政府在《马关条约》上签字的李鸿章成了替罪羊，被免去直隶总督职务。按理说，李鸿章的新官职两广总督与直隶总督级别相当，为什么还被看作是被贬呢？这当然与直隶总督位居“疆臣之首”的特殊地位有关，从当时直隶总督驻地之一保定（另一个是天津）的地名上，也可以反映出这一点。

保定的历史非常悠久。《史记》说，黄帝与各诸侯“合符釜山”，成为天下共主。这个“釜山”当然不是今天韩国的第二大城市，而是现在保定市徐水区的釜山。保定地处太行山东麓，扼华北平原之要冲，“北控三关，南通九省，地连四部，雄冠中州”（元刘因赋）。其战略地位十分重要，也因此而战事不断。东汉光武帝刘秀平定河北时，主战场就在保定附近。十几个世纪之后，成吉思汗攻金时，在保定（当时叫保州）遇到顽强抵抗，结果城陷屠城，“杀众数十万，老幼无孑遗”（《田喜墓志铭》）。后来明初燕王朱棣的“靖难之役”，保定又一次沦为战场……

不难想象，人们因战争而生的对和平的渴望会反映在地名上，而且保定还有个特殊情况。元、明、清三代均定都北京（于是出现了“顺义”“怀柔”这样带有帝都色彩的地名），这就使得处于京南主要陆路交通大道之上的保定成为京畿之外的“护城河”。所谓“清苑（今为保定市辖区）为京师门户，最称要害”。正是由于这个原因，保定这个地名最早出现在元代——朝廷以“保卫大都安定”之意，将其改为“保定”。日后清代将地位崇高的直隶总督驻地设于此处，当然也是出于同样的考虑。

同样能够体现中华民族对和平长久向往的地名，还有陕西省的西安市。其实，作为中国历史上的著名古都，西安还有个名气更大的古称——“长安”。在从汉到唐的 10 个世纪里，“长安”一直是中华声威的象征。盛唐时期，长安人口已达百万之众，堪称当时世界上最大、最繁华的城市。诗人樊珣在《忆长安·十月》里追忆那时

河北保定直隶总督府“威抚畿疆”匾额。保定这个地名最早出现在元代——朝廷以“保卫大都安定”之意，将其改为“保定”。日后清代将地位崇高的直隶总督驻地设于此处，当然也是出于同样的考虑。

西安城门夜景。自明朝始，“西安”代替了自秦汉隋唐以来的古都长安之名，取“安定西部地区”之意。

的盛景：“万国来朝汉阙，五陵共猎秦祠。昼夜歌钟不歇，山河四塞京师。”

五代之后，中国的政治经济中心东移。不过，在很长一段时间里，传统的地名仍旧保留了下来，宋金时期，长安所在地区依然叫作“京兆府”。“京兆”这个名称早在汉朝就开始使用了，意思是“京畿之地”。北宋建都河南开封，金的京城从会宁（今黑龙江省哈尔滨市）一路南下，先到中都（今北京）再到汴京（今河南省开封市），也没有长安什么事。奇怪的是，当时人们却都不觉得“京兆”之内而无京城有什么不妥。

直到元代，人们才发现其中的“逻辑”问题，于是决定把“京兆”改成“奉元”。到元末，又是一场天下大乱，关中一带陷入军阀混战达十年之久，百姓苦不堪言。洪武二年（1369 年），明军在攻占大都之后兵锋转向西北，名将徐达、常遇春统兵一举击溃陕西军阀拼凑的十万大军，奉元守军立即逃之夭夭。三月六日，徐达率明军整师入城，受到百姓夹道欢迎。一如朱元璋在北伐檄文里所言，新建立的明朝地方政府当即“立纲陈纪，救济斯民”，诸如开仓放粮、赈济饥民、修复水利这类的善政使得“秦民大悦”。

不过，入“明”之后，“奉元”这个名字，断然是不能再用了。因此，徐达入城伊始，即代表明王朝宣布：改“奉元路”为“西安府”。这个名字又是怎么来的呢？原来，元代在“京兆”改名的过程中，一度想过另一个名称“安西”（1278—1312），取的是“安定西部地区”之意。但实际上，蒙古汗国早在 1264 年，就已经在今甘肃省南部、青海省东南部一带设有一个“安西”州。后来改用“奉元”，可能也有避免重名的考虑。明朝所用的“西安”其实与“安西”是一个意思。清朝雍正年间成书的《陕西通志》就直截了当地写道，“即元安西义”。

自明朝始，“西安”代替了自秦汉隋唐以来的古都长安之名，以陕西省省会的地位出现在历史舞台上，并且走过了6个多世纪，至今沿而不改。就像西安以及其他寓意类似的地名所期许的那样，愿硝烟永息，和平常在。

文 / 郭晔旻

风调雨顺 国泰民安

中华版图上的美好祝福

可以想象，华夏先民在每一次筚路蓝缕的迁徙过程中，都会对未来充满美好的想象。他们祈望水草丰美、风调雨顺；祈望百兽温驯、毒瘴不侵；祈望健康长寿、无病无灾……而这所有的美好愿景，最终都落实到了为全新定居点所取的名称之上。

瑞兽的踪迹

早期社会生产力低下，出于对大自然的敬畏，先贤们结合现实中各种野生动物的优点，糅合出传说中各种超越自然存在的瑞兽模样。而在诸多各具象征意义的瑞兽之中，最为中华民族所熟知的，莫过于被奉为中华民族精神图腾的“龙”。

传说中，龙能够司掌云雨、潜渊登天，因此其形象自诞生之初便与江河湖海强势绑定。如今天隶属于河北秦皇岛市的卢龙，其县志中便有这样一段记载："卢者黑也，龙者水也，北人谓黑水为卢龙。"其中所说的"黑水"便是古之溹水（今青龙河）。青龙河流经今天的卢龙县境，这一带铁矿资源丰富，河床中布满了黑色的铁矿石砂粒，所以河水也就呈现出青黑色。而这条古人口中的"溹水"，便成了卢龙之名的由来。

除了地表的江河之外，龙还与古人开采和利用地下水有着千丝万缕的联系。今天地处广东省东北部的龙川县，据说得名于先秦之时，"有龙穿地而出，即穴流泉"。当然从科学的角度来看，当地先民应该是目睹了一场浅层地下水的喷发。

与龙川县情况类似的，还有隶属于吉林省延边朝鲜族自治州的龙井市。相传上古之时有先民于此凿井，井成之日，云雾喷涌，更有龙腾出，是以当地名为龙井。当然，也有学者考证，龙井之名源于在当地被称为"龙吊井"的吊桶架。但无论如何，龙井市的地下水资源颇为丰富，却是不争的事实。

将龙与水相结合的地名，还有以铸剑而闻名的浙江龙泉。这座地处浙闽赣边界的城市，境内山脉绵亘、水系纵横，形成大小不一的河谷小盆地。因此，自古这里便有龙渊之称，直至唐武德三年（620年），为了避唐高祖李渊的名讳，才将龙渊改为龙泉。

有趣的是，除了常见"水不在深，有龙则灵"之外，古人还常将龙与巍峨的山势联系在一起。浙江龙游县便因境内丘陵起伏如游龙而得名。云南龙陵县同样有"高峰插天，直出云表"的奇景，而被乾隆

崇仁寺，位于浙江省龙泉县。这座地处浙闽赣边界的城市，境内山脉绵亘、水系纵横，形成大小不一的河谷小盆地，自古便有龙渊之称，直至唐武德三年，为了避唐高祖李渊的名讳，才将龙渊改为龙泉。

帝赐名为龙陵。今天深圳龙岗区也曾是昔日客家百姓南迁时见到此处山岗相连，蜿蜒如蛟龙时对这片热土的亲切呼唤。

与龙游、龙陵和龙岗略微不同的是，福建龙岩之名源自城东 2 千米翠屏山麓的一处喀斯特溶洞。按照明代学者王源所作的《龙岩记》描述，这处溶洞之内“洞顶青白小龙纹，纷然不可枚数，仰视骇人心目。壁右，涌出一条如柱，黄色鳞甲，恍若真龙，头角手足不露，至顶而止。左一条青龙，附壁而上，蜿蜒缘顶至檐，头角鳞鬣宛然，口颊间有窍，滴水错落如珠”。正是因为叠加了如此之多的龙元素，龙岩这个名字才最终得以自大唐天宝年间一直沿用至今。

在古代传说中与龙地位相当的凤凰，同样被大量运用于地名中。除了湖南湘西土家族苗族自治州境内，始建于明嘉靖三十五年（1556 年）、以境内凤凰山得名的凤凰古城外，陕西境内还有以“凤鸣岐山”得名的凤县（一说为境内凤凰山）、凤翔县，以及岐山县凤鸣镇。

在所有与凤凰有关的地名中，安徽凤阳或许是最为特殊的一个，因为它的由来更多体现了君王的个人喜好。至正二十七年（1367 年），朱元璋击败张士诚后衣锦还乡，随即将自己的老家濠州改名为临濠府，洪武六年（1373 年）又于当地设置中立府，一年之后将府治迁往凤凰山之阳，并亲自赐府名“凤阳”。

“凤阳”的名号虽然好听，但此地却并非富饶之地。由于朱元璋计划在当地营造中都，就从全国调集大批工匠并迁徙数以十万计的人口于此。大量人口迁入，最终导致当地的生态恶化。而随着朱元璋最终放弃中都的建设，凤阳的经济、政治地位更是一落千丈，于是就有了那句著名的凤阳花鼓唱词："说凤阳，道凤阳，凤阳本是个好地方，自从出了朱皇帝，十年倒有九年荒。"

陕西省宝鸡市的得名看上去似乎和凤凰或者凤翔类似，实际上是山名与祥瑞二者合一——其境内有鸡峰山（陈仓山），传说秦文公在此发现了一块能发出鸡鸣之声的石头，建了一座陈宝祠，唐时以此传说将其命名为宝鸡，取"陈宝鸡鸣之瑞"之意。与凤翔、凤县同属宝鸡市的麟游县就简单了，《元和郡县志》记载，隋代在这里设有仁寿宫，义宁元年（617 年）"获白麟于宫所，因置县"。

与以龙、凤为主题的地名在全国各地的普及相比，其他瑞兽在地名中出现的概率便有了一定的地域性。如福建地区钟爱狮子，当地除了有中国唯一以"狮"命名的省辖县级市"石狮"外，其他以狮命名的地名更是多如牛毛，仅在泉州一地，带"狮"的地名就有 900 多个。

之所以出现这样的局面，是因为自汉代以来，狮子便作为来自西域的"瑞兽"传入中国。古泉州是优良的对外交通港口，这使其成为中外狮文化交流传播的中转站。来自异域的"瑞狮"，融入中华传统吉祥元素，被赋予万事如意、富贵平安、福禄齐全等文化意涵，演变成"福狮"，成为重大祈福节庆活动中不可或缺的标志性文化符号。

与福建地区"福狮"文化相似的，还有江浙一带对瑞兽"用端"

甪直古镇，隶属苏州吴中区，古名“甫里”，后来又叫甪直是因为古时甫里镇分为甫里、六直两个区。传说瑞兽“甪端”守护六直，年年五谷丰登。而吴音“六”“甪”同音，后来“六直”就变成“甪直”了，清朝末年，甫里镇正式改为元和县甪直镇。

的喜爱。虽然从甪端早期的记载来看，这种“似猪，角在鼻上，堪作弓”的生物应该是已然灭绝的“中国犀”。但自南北朝以来，“甪端”却被赋予诸如“日行万八千里”“能言、晓四夷之语”的“特异功能”，并与“周市”“符拔”“麒麟”等圣兽共列，归入“明君圣主”在位时便会现身的“祥兽”和“瑞兽”行列。正是由于与“明君圣主”绑定在一起，是以甪端逐渐成为国泰民安的代名词，江浙一带也由此出现了甪直、甪里等地名。

从“甪端”被用作地名的历史中，我们不难发现，民众对瑞兽的喜爱，并非源于其奇幻外形或拥有超自然的能力，而在于其作为一种祥瑞的象征，总是在那些政治开明、经济繁荣的时代出现，这才成了一种可以长久传承下去的文化符号。

卜卦的投影

同样作为一种文化符号，作为先秦古籍，相传系周文王姬昌作的《周易》最初只是一部解释卦辞和爻辞的专业书籍。但被孔子推崇后，最终被儒家弟子奉为儒门圣典，居于六经之首。

在这样的情况之下，《周易》中一些代表美好寓意的上卦，便自然而然地被运用在了地名之中。甚至《周易》较为著名的《彖传上·乾》中“大哉乾元，万物资始，乃统天。云行雨施，品物流形。大明终始，六位时成，时乘六龙以御天。乾道变化，各正性命，保合太和，乃利贞。首出庶物，万国咸宁”便引申出“太和”和“咸宁”这两个地名。

“太和”，是《周易》描述出的一种世间万物和谐共存的理想状态。有趣的是，在相当长的一段时间内，中原文化似乎更推崇“地产嘉禾，和气所生”的“泰和”二字，隋朝与宋朝先后在吉州（今属江西吉安）和颍州（今属安徽阜阳）境内设置泰和县。直至推崇“大哉乾元”的元朝建立之后，才于大德八年（1304 年）将隶属于颍州的“泰和县”更名为“太和县”，并沿用至今。

“咸宁”一词，意即“天下安宁”，除了《周易》之外，《尚书·大禹谟》中也有“野无遗贤，万邦咸宁”的表述。但与“太和”一样，在宋代以前，人们似乎更喜欢用意思相近却更为浅显易懂的“永安”。直至宋真宗景德四年（1007 年），为避宋太祖赵匡胤永安陵讳，隶属于鄂州的永安县才被改为意思相近的咸宁县。

事实证明，虽然意思相近，但永安之名相对普遍。明代便先后于景泰三年（1452 年）、成化十三年（1477 年）和隆庆三年（1569 年）于福建延平府、广东惠州府和广西桂林府治下设立永安县和永安州。反倒是咸宁县独此一家、再无分号。

“君子以顺德，积小以高大”，这句出自《周易·象传下·升》的名句，不仅是今天以美食而闻名于世的广东佛山顺德区名称的由来，更是元、明、清三代河北省邢台市的古称。

邢台在隋、唐、宋三代被称为邢州，直至中统三年（1262 年）元世祖忽必烈取《易经·坤卦》中“万物资生，乃顺承天。坤厚载物，德合无疆”之意，升邢州为顺德府，属中书省。在此后的岁月里，改名为顺德的邢台，一度发展为京师以南的经济重镇，清代学者谷鸣球甚至在其笔记《土寨纪略》中称顺德府“为九省冠盖通行之路，百产菁华聚会之区，烟火万家，客商辐辏，畿南重镇，天府娩雄”。直至辛亥革命后的1913年，顺德府才又被改回了邢台之名。

有人说以清朝皇家避暑山庄而闻名于世的承德，其地名来自《周易·象传上·蛊》，“干父用誉，承以德也。不事王侯，志可则也”。但仔细分析却不难发现，这句话虽有“承德”二字，但说的却是“不事王侯”，与清朝历代君王利用承德避暑山庄来会盟蒙古亲贵的设想可谓大相径庭。

因此，1733年，雍正帝将热河厅改为承德府，所选用的其实是《尚书·周官》“六服群辟，罔不承德，归于宗周”，以各地诸侯无不承受周王的德泽，纷纷来周朝王都朝拜，来类比那些纷至沓来的蒙古亲王和关外的八旗勋贵。

北京附近另一处出自《周易》的地名是密云。古人以《周易·小畜》“密云不雨，自我西郊”来命名这片位于北京东北郊的山地。据说乾隆曾与近臣留下过“密云不雨旱三河，虽玉田亦难丰润；怀柔有道皆遵化，知顺义便是良乡”的对联。但1960年9月建成的密云水库在一定程度上改变了北京地区缺水的面貌。是以，有学者将乾隆的名对改为：“密云布雨引三河，灌玉田万年丰润；平谷移山填静海，建乐亭百世兴隆。”

君王的宏愿

古人选择以瑞兽和卜卦为地名，当然有希望假其神力及吉兆以求风调雨顺的功利心在。而身为一国统治者的君王，在为自己的城市取名之时，自然更不能免俗地想要讨讨口彩。因此，包含着诸多有关城市最美好寓意的“京”字便应运而生。

“京”字见于商代甲骨文，其形如高大的建筑物，因此本意为建在高处的房屋。但随着时代的变迁，后世又赋予了这个简单的汉字以高大的象征意义。而到周代又出现“京师”并用的称呼方式，对此，《公羊传》的解释是：“天子之居，必以众大之辞言之。”汉代学者蔡邕则进一步将其拆解为：“天子所居曰京师。京，大也。师，众也。”

然而“京师”一词虽然霸气，但历朝历代都将首都称为京师却不符合君王们的个性化需求。于是，基于不同的政治目标，历代雄主们开始了微言大义的首都命名比赛。

秦人以武立国，是以商鞅变法之后修建的新都，也取了“戌”表示征战杀伐、“口”表示众人齐呼得喊杀震天的组合字“咸”用于地名之中；又因该地北边有山，南边有水，是“山水俱阳”，所以便叫了“咸阳”。而在秦末群雄之中崛起的刘邦，则因目睹了太多的纷乱杀戮，而将自己的首都命名为“长安”，以求天下太平、“长治久安”。

可惜，封建王朝总是难逃“其兴也勃焉，其亡也忽焉”的历史周期律。特别是外戚的专权，几乎成了汉帝国难以治愈的顽疾。阳嘉三

河南开封铁塔，始建于皇祐元年，因通体红褐色琉璃得名，是中国保存至今最早、最高的一座琉璃砖塔。“开封”一名历史很早，春秋时期，郑庄公便在当地修筑粮仓城，取“启拓封疆”之意，定名“启封”。后为避汉景帝刘启之名讳，才将启封更名为“开封”。

年（134 年），面对外戚梁氏擅权，汉顺帝刘保无可奈何，只能通过将武陵郡索县新分出的一个行政区划命名为汉寿的方式，来祈求汉帝国江山的长久。

可惜这位皇帝最终还是在 29 岁时不明不白地死去了，而他所命名的汉寿县也随着汉帝国的衰败而四易其名。建安二十二年（217 年），在被迫将武陵郡割让给孙权政权之后，自诩汉室宗亲的刘备将隶属于益州的葭萌县改为汉寿县。但这个汉寿最终随着蜀汉政权的灭亡而被改为了晋寿。而原本的汉寿县则于赤乌二年（239 年）被吴王孙权改为了寓意“吴国国运长久，吴太后之长寿”的吴寿县，之后直到 1912 年，又从龙阳县改回汉寿县。

汉寿并不是孙权第一次基于政治目的更改地名。东汉建安十六年（211 年），在将治所从京口迁往秣陵（今江苏南京）后，孙权于次年将该地改名为建业，寓意“建功立业”。开皇元年（581 年），隋文帝杨坚因嫌弃原先的长安太过破败狭小，决定在东南方向的龙首原南坡另建一座名为“大兴”的新城。后世的“大兴土木”虽与这场浩大造城工程没有直接关系，却也恰如其分。

今天的开封人在讲述自己故乡的历史时，似乎总是很怀念北宋汴梁的繁华。殊不知开封才是这座城市最初的名字。春秋时期，郑庄公便在当地修筑粮仓城，并取“启拓封疆”之意，定名“启封”。后为避汉景帝刘启之名讳，才将启封更名为“开封”。

建炎三年（1129 年）闰八月，为躲避女真族的铁骑，宋高宗赵构迁都杭州。为了表示自己不忘故土的决心，赵构将杭州改为“临安”。但从“临时安置”这个寓意出发的地名多少有点偏安一隅的意思，因此，南宋政府公开的说法，还是感念吴越国王钱镠纳土归宋的功绩，是以其故里“临安”为名升杭州为“临安府”。

而以成吉思汗为代表的蒙古“黄金家族”虽以骑射征服了大半个亚洲，似乎也知道“马上得之，不能马上治之”的道理。元廷不仅在各行省的版图划分上想尽了办法，在州、路的命名上也可谓动足了脑筋。如对于党项部首领李元昊所建立的西夏国故土，元朝便取“夏地安宁”之意设宁夏路。

此例一开，“宁”很快便成了有元一朝的热门字。浙江盐官县因“东南皆滨巨海”，唐、宋以来常有水患，直至元文宗时代都水少监张仲仁前往筑塘治海，当地水患才逐渐得到控制。元政府颇为欣喜之际，便以“海涛宁谧之意”，改县名为“海宁”。

同样因为平定水患而在元代改名的还有山东省的济宁市。这座原名济州的城市，过去常因水患不治而导致百姓背井离乡，直至元代治水才逐渐见效，于是元政府便取“济州吉祥安宁”之意，改济州为济宁，以展现自己的功绩。

百姓的期盼

与帝王相比，普通人的心愿或许要简单得多。祈盼五谷丰登，便有了常熟、长丰；祈盼安居乐业，便有了广饶、昌乐；祈盼太平无

从泰山顶上俯瞰泰安。因地处泰山脚下，该地很早便以“天下之安，犹泰山而四维之”和“泰山安则四海皆安”而被命名为“泰安”。

事，便有了固安、太平；祈盼健康长寿，便有了万安、保康。或许他们的理想没有君王那般宏大，却同样以地名的方式流传下来。

而在所有的美好愿景中，安全、安定又常常被乐土重迁的中国老百姓放在第一位，因此很多地名皆与“安”字有关。河北省安平县，便因“众官民安居乐业，且地势平坦”而得名；山东省安丘市，因古名“渠邱”，汉代定名为安邱，以寓“渠邱安定”之意；四川省安岳县，“本以邑地在山之上，四面险，故曰安岳”。除了山岭之外，“安”还与江河巧妙地组合在一起，湖南省安乡县，旧志曰：“以洞庭、沅、澧诸水各安其流名。”而吉林省安图县，则有着祈求“图们江流域安宁”的寓意。

与“安”字同样备受百姓喜爱的还有古义本为平顺、后世又引申为“大”者的“泰”字。地处泰山脚下的泰安市在这方面可谓得天独厚，很早便以“天下之安，犹泰山而四维之”和“泰山安则四海皆安”而得名。江苏省泰州市则因自古便地尽鱼盐之利，是以被视为社会安宁、百姓富庶的模范城市，得名“泰州”。而邻近的泰兴更被赋予了“国泰民安，五业兴旺矣”的美好愿望。

江西古时气候温和，盛产嘉禾，官民皆喜。隋开皇十一年（591年）遂以“地产嘉禾，为和气所生”设置了泰和县。福建省漳州市长泰区之名，则有着“崇武常胜，德政安泰”的寓意。不过这个地名更像是在教育当地彪悍的百姓：崇武虽然能够常胜，但只有实行德政才能长治久安。甘肃省景泰县在1913年设县时取“靖远”“永泰”各一字命名为“靖泰”，后以谐音改名为“景泰”，寓意“景象繁荣，国泰民安”。如果要给这份祝福加上一个期限，那一定是“永远”，于是就有了“永久坚固”的河南永城，“永施仁义”的云南永仁，“官民上下相安，可保其治于永久”的福建永安，“边境永清”的河北永清，“长久维新”的江西永新，“永远兴旺”的湖南永兴，“永远五谷丰登”的甘肃永登、“永远安靖”的甘肃永靖、“永远昌盛”的甘肃永昌……

中国的老百姓自古以来都是善良和诚恳的，凡是帝王贤士做了惠及人民的大好事情，人民不会忘记，历史也会以地名的方式记录下来。宁夏回族自治区石嘴山市惠农区，便是因清雍正四年（1726年）侍郎通智、宁夏道单畴书奉旨开惠农渠而得名。

无独有偶，山东省惠民县则以境内惠民沟得名。《山东通志》载：惠民“沟，在县东南二十里，明景泰中徒骇河溢，北入黑洼，因凿此沟，以导水入沙河。岁久湮塞，嘉靖二十四年大水，佥事王煜再加疏浚，民甚赖之，因名惠民沟。”

由此可见，凡是为民做了好事，让老百姓得到了实惠，历史都会留下浓浓的墨香，甚至以地名的方式流芳百世。

文/赵恺

历史的拨动

第三部分

变迁中的中国

历史的拨动

地名：时代变迁记录者

地名不仅与一定的自然环境息息相关，也记录着历史的变迁，帝王好恶、朝代更迭、战乱纷争、区划变动，都会给地名打上深深的时代烙印。梳理中华上下5000年历史，就会发现，中华大地上的地名变迁构成了纵向历史在横向空间上的无限延伸，将宏大的国事寄托于人们无尽的乡思之中。那些在历史浪涛中时隐时现的地名，无不讲述着中华大地上曾上演的一幕幕故事。

年号 Yes 名讳 No

1129年，金兵再一次南下，临安城危在旦夕。南宋高宗皇帝赵构仓皇辞庙，一路颠沛，遁入浙东。次年春，韩世忠在长江黄天荡大破金兵水师。捷报传来，高宗移驾越州，暂住在卧龙山南麓的行宫中。

浙江省绍兴市柯桥区的安昌古镇，始建于北宋，于明清时期重建，具有典型的江南水乡建筑风格，又以小桥最富特色，“绍兴师爷”多出自安昌。1131年，宋高宗以“绍奕世之宏休，兴百王之丕绪”改年号为“绍兴”，并在当年将“越州”升为“绍兴”府。

宏村，位于安徽省黄山市黟县东北部，背靠黄山，始建于南宋绍兴年间，最初叫弘村，清代中期为避乾隆帝“弘历”之讳更名为“宏村”。此地原属徽州地区管辖，1987 年设市时没有直接叫“徽州市”，而是因境内黄山改称“黄山市”。

早在三年前，北宋东京城破，徽、钦二宗被金人绑走。刚满 20 岁的康王赵构临危受命，在河南商丘匆忙称帝，大宋的国祚沉甸甸地压在他的肩头。抗金收复中原，是南宋最大的政治正确。但是赵构心里清楚，自己尚不是金国的对手。在卧龙山暂住的日子里，赵构决定改元换号，以振国运。

1131 年，高宗发布诏书，取“绍奕世之宏休，兴百王之丕绪”之意，改年号为“绍兴”，并在当年将驻地“越州”升为“绍兴”府。绍兴的坐标自此定位在中国的版图上，近 1000 年里，这里走出了陆游、贺知章、徐渭、张岱；近 100 年里，这里走出了鲁迅、蔡元培、钱三强、竺可桢……

以年号改地名是古时皇帝的常见操作。“瓷都”景德镇因在昌江南岸，原名昌南镇。宋景德元年（1004 年），真宗皇帝赵恒对此地出产的优质青白瓷爱不释手，便以其年号“景德”命之。新中国成立后，景德镇被升为地级景德镇市。此外，上海的嘉定、江西的兴国、江苏的宝应、浙江的庆元、陕西的淳化、福建的政和与永泰县，都得名于年号。

细心观察可以发现，这些以年号为名的政区多在南方，反映了封建王朝由北向南开发的历史进程。当南方新开发的土地人口上升到一定规模后，便会被析出或设置新的行政区划，并获得新的名称。

“春秋为尊者讳，为亲者讳，为贤者讳。”（《公羊传·闵公元年》）古时帝王家颇讲究“避讳”，因此地名也常常因为避讳而改动。

犯了皇帝的名讳得改，比如河南的古城开封本作“启封”，为避汉景帝刘启的讳，就取“启”的同义字“开”，改称为“开封”；犯了太子的名讳得改，比如隋文帝杨坚为避太子杨广的讳，一口气就改了几十个带“广”字的地名，广陵改成了邗江、广安改成了延安、广昌改成了枣阳等；犯了后宫的名讳也得改，晋元帝司马睿的妃子小名阿春，于是富春改成了富阳，宜春改成了宜阳；国号自然也得回避，秦代设置的钱唐县到了唐代被改成钱塘县，唐代设置的明州到了明代被改成宁波；甚至犯了敌人的名讳也得改，比如南宋朝廷上下对金人恨得咬牙切齿，因当时金朝的太子叫完颜光英，于是赵构把地名中带“光”的字全都给改了，光州成了蒋州、光化军为通化军、光山县为期思县。

避讳之事，可大可小，也有皇帝怀着无为之心，尽量少折腾老百姓。但是有些皇帝却斤斤计较，甚至连同音字都不放过，比如雍正皇帝名讳“胤禛”，所以地名中连“真”都得改，于是真定改正定、真宁改正宁、仪真改仪征、真阳改正阳……

但是朝代有更替，帝王将相如走马灯一样，改朝换代后，因避帝王家的名讳而被改掉的地名，往往又会改回原名。但是，作为万世师表的孔夫子孔丘的名讳，无论何朝何代，无人敢不尊。宋徽宗时期，曾改瑕丘县为瑕县、改龚丘县为龚县。到了清雍正年间，就创造出来一个“邱”字，专门替代孔子的“丘”，于是直隶的内丘、任丘，山东的章丘、安丘，河南的封丘、商丘等，全部得改成“邱”，甚至连韩国的大丘也改成了“大邱”。

正定古城，位于河北省石家庄市正定县。正定县历史悠久，1600 多年的建城史让当地历史遗迹、遗产丰厚，素有“古建艺术宝库”美称。其原名“真定”，清雍正年间，为避雍正帝“胤禛”讳，改称“正定”。

皇帝生前要避讳，死后要建陵。围绕宏大的陵墓，朝廷也会设置一批特殊的县来奉祀先帝，即陵县。这是西汉一朝独有的现象，自高帝刘邦的长陵邑始，经惠帝的安陵、文帝的霸陵、景帝的阳陵、武帝的茂陵、昭帝的平陵，至宣帝刘询的杜陵终。七座陵县绵延在渭水北岸，“都都相望，邑邑相属”“冠盖如云”（《西都赋》）。

这些陵县的居民都不是原住户，而是被强迫迁来的关东豪族、天下高赀。汉室将这些大族集中于都城长安附近，既有加强监控、防止造反的目的，也有让这些大族巩固京畿、抵御匈奴的用意。

因陵设县仅仅在西汉昙花一现。随着时代的变迁，这些陵县相继被废，但即便到了后代，依然可在古人的诗句中读到这些地名，构成盛世繁华下某种悲凉的底色：“五陵年少争缠头”“茂陵松柏雨萧萧”“参差烟树灞陵桥”“不见五陵豪杰墓”……

南北之争，谁才是正统？

建兴四年（316 年）是西晋“永嘉之乱”的第五年。当年十一月，长安已被匈奴大将刘曜包围了数月，城中斗米千金、人们苦不堪言。愍帝司马邺苦撑不住，终于大开城门，迎着朔风驱车出降。刘曜将愍帝掳至平阳后杀害，西晋 50 余年国祚至此终了。

在江南，琅琊王司马睿建立起东晋政权，招徕遗民，重整山河，其后宋、齐、梁、陈四朝相因，前后长达 270 年。在北方，内迁的少数民族先后建立政权，各自为政、相互攻伐、生灵涂炭。北方汉人为避战乱，纷纷南下，追随南朝。据《晋书》记载，洛阳倾覆后，中原南下的人口将近六七成。

彼时南下的侨民，多为北方数代同居的大族。为了维持宗族内部的凝聚力，这些衣冠大族在南方依然以旧时的郡望自居，通过血缘和乡党连接成庞大的利益集团，对当地产生强大的政治影响力。

为了笼络衣冠士族，南方各朝在侨民集中的地方，陆续建立许多与他们的北方旧籍同名的侨州、侨郡、侨县，使侨民附着于此。这些侨民单立户口，不向国家纳租服役。侨置郡县的官吏也由北方人担任。到刘宋时，“侨州至十数，侨郡至百，侨县至数百”。

在今日的江苏镇江，有一条横亘 5 千米的“南徐大道”穿过城区连接京口区与润州区。“南徐州”是镇江的旧称之一。东晋咸和四年（329 年），朝廷将徐州治迁至今镇江地界，安置自徐州南下的侨民。后为区别二者，镇江一带便被称为南徐州。南徐州下辖南东海、南琅琊、南兰陵、南东莞等郡，都是安置北方移民的侨置郡县。据谭其骧研究，此时中原南渡人口数约为 90 万，主要侨居在长江下游，其中 22 万人集中在南徐州。

魏晋南北朝时期，中国南北分裂，各政权皆以正统自居。南朝斥北朝为“索虏”，北朝视南朝为“岛夷”。东晋虽然偏居江南，但依然坚信“自古以来未有戎狄作天子者”。通过侨置中原州郡县的虚名，朝廷可以向天下表明纵然领土暂时丢失，但是权力机构依然完备，法理上的正统性不容撼动。那些流落南方的衣冠大族，即便世居几代，也依然以旧时的北方郡望名号自居，与南方土著绝不相混。比如，出生于绍兴的王羲之、谢灵运，都以琅琊王氏、陈郡谢氏行世。

待到隋朝统一天下，南北界线消弭，侨置郡县的制度被推入历史烟波。但少量因侨置县的地名却有幸保留至今，安徽亳州的谯城区和滁州的南谯区就是如此。东汉建安末，曹操析沛国置谯郡，治所在谯县。到东晋时在滁州一带设立南谯州，刘宋时设立南谯郡，安置侨民。如今，两地政府沿用古地名，正是基于这一段历史。

更多的是侨县继承了古地名，而原治所被湮没在浩荡的历史中。位于安徽蚌埠一带的古当涂县，在六朝时侨置于江南。土断以后，北当涂反而不见，江南的当涂县名却被保留到今天。安徽的南陵县，本在陕西关中，因为汉文帝母亲薄太后陵墓所在而置县。东晋时，南陵县民南迁至江南，因而在此侨设南陵县，而陕西的南陵县已经并入了今天的蓝田县。安徽马鞍山的博望区，也是东晋时因侨设镇，博望侯国原在今河南南阳。今天的湖北松滋市，其故地在今安徽霍邱附近。

宋金对峙时期，曾有朝臣提出，“用六朝侨寓法，分浙西诸县，皆以两河州郡名之”，却最终因宋金关系的变化而落空。这种大规模的侨设郡县在历史上仅仅如昙花一现，但是短距离的人口或治所迁徙造成的地名变更，却从未停止过。比如，春秋时，宋国灭宿国后，将宿人迁至今天的苏北。唐朝时便因此在宿国故地设立宿州，在苏北新址设立宿迁县。今天的河北迁安，也是因辽金时期，将安喜县民迁于此地而设立。

翻开中国地图可以看见，有很多地名系在旧地名上冠以“新”字，这意味着这些地方是从旧治迁出或新建的城池。比如，今天山西有绛县和新绛县，绛县本是春秋时晋国的首都之一，后来晋国迁都，便称新首都为“新绛”以区别旧都。这两个地名如今都保留在中国的版图上。在河南，春秋时蔡平侯曾迁都，并将旧都和新都分别称为“上蔡”和“新蔡”，这两个地名都保留至今，成为驻马店下辖的两个县。

新中国成立后，以“新”冠旧地名的现象也没有消失。1956 年，新中国就将湖南晃县改成新晃侗族自治县，以示与旧社会的决裂。春秋时密国被郑国灭后，其国都设为新密邑。1994 年，河南密县被撤，改为县级新密市，恢复先秦古地名。

东南西北京，通名变专名

“街衢洞达，闾阎且千，九市开场，货别隧分。人不得顾，车不得旋，阗城溢郭，旁流百廛。红尘四合，烟云相连……”2000 年前，班固在《西都赋》中这样描绘汉代长安城的繁华。

早在汉初，高祖刘邦就看中了关中的军事价值，“秦地被山带河，四塞以为固”，决定定都于此，兴建长安城。经过 200 年，长安成了坐拥 20 多万人口的大都会。到了东汉，关东地区经济地位不断上升，汉光武帝刘秀因此寻求定都于此，洛阳自然当选。

汉人用“东都”或“东京”来指代洛阳，“西京”或“西都”来指代长安。东汉王朝坐拥以洛阳、长安两都一线为中心的中原——关中地区，皇权通过条条大道无远弗届地深入帝国的每一寸土地，偏远的岭南、西域、朝鲜等都被纳入中央王朝的统治之下。

陪都制是在首都之外，另设辅助性都城以加强中央集权统治的一种政治制度。目前可知，早在西周就实行了陪都制度。汉代确立的“两京”制度，标志着陪都制度趋于成熟。此后，北周、隋、唐、北宋、辽、金、元、明、清等朝代都实行过陪都制。

但长久以来，“东京（都）”“西京（都）”“南京（都）”“北京（都）”“中京（都）”并不是某一个城市的专名。随着朝代的更替、政策的变迁、领土的损益、首都和陪都之间相对位置的变化，“某京”或“某都”在不同的时期可以指代不同的城池。

唐随隋制，定都长安。到 657 年，高宗建立东都洛阳，与西都长安合称“两都”。玄宗时，又实行三都制，以太原为北都。到肃宗朝，确立了以长安为中京、凤翔为西京、洛阳为东京、太原为北京、成都为南京的五京制度。

辽代虽偏居塞北，但是手握“燕云十六州”，因此辽代“五京”中的中京定在了大定府（今内蒙古宁城县），南京在析津府（今北京）。到了金代，国界南下到淮河流域，辽代的中京就变成了金代的北京，辽代的南京变成了金代的中都，金代的南京也就移到了河南开封。

在中原，北宋就确立了以东京开封府为首都，西京河南府（今河

元上都遗址，位于内蒙古自治区锡林郭勒盟正蓝旗，2012 年联合国教科文组织将其列入世界遗产名录。忽必烈称汗前，在金莲川地区建立开平府，元朝建立后，定都于此，并升开平府为“上都”。后实行“两都制”，定大都（今北京市）为冬都，上都为夏都。

南洛阳）、南京应天府（今河南商丘）、北京大名府（今河北大名）为陪都的格局。到明代，朱棣迁都后，形成以北京顺天府（今北京市）和南京应天府（今南京市）为格局的南北两京制度。明亡后，清廷以顺天府为京师，以赫图阿拉为兴京、以奉天府为盛京，应天府不再是陪都。应天府本有“上应天意”之意，因此不得不改名为江宁府，寓意“江南安宁”。

江宁府虽然失去了作为“南京”的地位，但是有清一代，人们依然习惯性地称江宁府的府城为“南京”，称呼京师顺天府的府城为“北京”“京师”“京兆”“京都”等。1872 年 5 月 23 日的《申报》在报道曾国藩死亡时，就写道“早晨中国兵轮船开往南京送曾中堂灵柩回籍”。清末小说《老残游记》也写道“同那天津到北京火车的三等客位一样”，而北京大学的前身就叫作“京师大学堂”。在英文中，也一直沿用“北京”和“南京”的音译词 Peking 和 Nanking 来指代这两个城市。

民国年间，南京市、北京市相继设立，前者从江宁县划出，后者从大兴县和宛平县划出，这样历史上本无定指的南京和北京变成了法律上的专名。虽然北京因为政权的变更，名称在“北平”和“北京”之间来回变更，但“北京”这一名称从未指向其他城市。

新中国成立后，并没有建造“陪都”或实行两京制，但因袭历史惯称，继续使用“北京”和“南京”作为法定称呼。而那些没有获得法律地位的地名，依然在民间使用，比如西安有西京饭店、西京医院，沈阳有盛京银行、盛京医院，开封有东京大道、东京大桥，重庆有陪都药业……每一个旧名，都在诉说着城市的昔日繁华。

市县同名莫惊奇

1924 年 4 月 12 日，孙中山先生亲笔誊写的《国民政府建国大纲》（以下简称《建国大纲》）公布，经国民党第一次全国代表大会审议通过。《建国大纲》提出“县为自治之单位，省立于中央与县之间，以收联络之效”，集中阐述了中山先生对以县为单位的地方自治运动的设想。

自清末以来，实行省—县两级制一直为地方行政改革的主要目标。早在 1913 年，北洋政府就颁布了《划一现行各县地方行政官厅组织令》，欲裁撤道、府、州、厅，一并改为县。

此前的 1912 年，江苏省废松江府，后合并附郭县华亭、娄县二县改名松江县，并析出上海、青浦、奉贤、金山、南汇五县。新规一出，各地纷纷响应。湖北省废汉阳府留汉阳县，改夏口厅为夏口县（今武汉汉口），改江夏县为武昌县，武汉三镇初现格局。在北方，1913 年，通州改名通县（今北京通州区），昌平州改为昌平县（今北京昌平区），蓟州改称蓟县（今天津蓟州区），隶属京兆地方。同年 9 月，沈从文的故乡湖南废凤凰厅，改为凤凰县。如是不一。

在一些经济发达地区，往往会出现双附郭县共驻一城的现象。在废府设县时，同治一城的县也广泛合并。1912 年，江苏裁撤江宁府（时为南京府），并将上元县并入江宁县。同年，浙江废杭州府，合

江宁织造博物馆，位于江苏省南京市玄武区。江宁织造是明清两朝在南京设局织造宫廷所需丝织品的皇商，博物馆以其历史和《红楼梦》文化为主题作收藏展出。“江宁”为南京旧称之一，寓意“江外宁静无事”，如今在南京设有江宁区。

并杭州府治所在的钱塘、仁和两县并命名杭县。1913 年，福建废福州府，附郭县闽县、侯官二县合并为闽侯县。在经济重镇苏州府，吴县、长洲、元和三县共驻一城，废府后，长洲、元和二县并入吴县。

在边远省份的少数民族地区，“改土归流”与设县运动一同推进，南京国民政府就将广西下雷、太平、安平三个土州并为雷平县（今已并入大新县），将上龙、金龙两个土司合并为上金县（今已并入龙州县）。

明清以来，由于商品经济蓬勃发展，江南地区产生了大量市镇，如吴江的震泽、嘉定的南翔、平湖的乍浦、常熟的唐市等，成为地区米粮和纺织贸易的中心。这些市镇，一直处于县级行政区之下，从未被单独划出。民国以后，在地方自治浪潮和西方市政思想的影响下，单独设立“市”被提上了议程。

1921 年 2 月，孙科起草的《广州市暂行条例》被广东省署公议通过。该条例规定，“广州市为地方行政区域，直接隶属于省政府，不入县行政范围”。这条规定标志着广州市的诞生，成为中国第一个与县平级的行政区域。汕头市紧随其后，于 3 月设市。

1927 年，南京国民政府成立后，旋即设立上海特别市和南京特别市（后改为院辖市）。特别市与省平级，类似于今天的直辖市。其后，南京国民政府颁布《市组织法》和《特别市组织法》，一批市如雨后春笋，相继设立。

到新中国成立前夕，全国共有南京、上海、北平、天津、青岛、汉口、广州、重庆、西安、沈阳、哈尔滨、大连 12 个院辖市，还有

56 个省辖市（类似地级市），其中有我们现在熟悉的杭州、成都、厦门、台北、长沙、昆明、太原、济南，也有石门、迪化、陕坝、安东、北安、归绥、张垣等相对陌生的地名。

市的名称来源多种多样，有的是以所在地原府、原州的名称命名，比如广州、西安、杭州、成都、武昌、济南等，这也是新设市名称的主要来源；有的是以原所在县的名称命名，比如上海市因在原松江府上海县境内而得名，昆明市原在云南府昆明县境内；有的是原乡镇或者村的名称，比如唐山市原为河北滦县的唐山镇、蚌埠市原为安徽凤阳县内蚌埠镇；有的是合并地名而来，比如河北石门（今河北石家庄）系从石家庄、休门两村各取一字而得名，四川自贡则以富顺县自流井及荣县贡井两地合并各取一字而得名。

这些新设立的市，多在旧县治的基础上发展起来，设市后，就会从原县境分出，而原县治也会从市内迁出，另寻他处。比如，1927 年上海设市后，上海县治搬迁到南郊的莘庄另建新城。在很长一段时间内，上海市和上海县同时存在。1992 年，上海县被撤销，与闵行区合并。1928 年，西安设市，以原长安县城为市区，并以原西安府得名西安市。随后，长安县治从西安市区迁出，搬到南郊的韦曲镇。2002 年，长安县被西安市吞并，改为长安区。网络传言，“长安改名西安”的说法，实际上是没有读懂中国的行政区划史。

前文所说的南京和北京（北平）在设市时，也经历了此番变化。我们今天依然可以看到，北京南郊的大兴区和宛平城，就是从北京城内迁出的大兴县和宛平县所在；南京市的江宁区，也是曾经从城内迁出的江宁县所改。

重名、歧视、生僻字都得改

民国时期，全国范围内废府设县的直接后果就是造成了全国 90 余组地名重复。为了解决这一问题，我国现代史上最大规模的一次地名整改就此展开。

在地名整改过程中，会尽量保留那些较为古远、政区稳定或者广为人知的地名。比如山东原有无棣县，明朝时因避讳朱棣，改为海丰县。民国时期，人们发现山东和广东两地都有海丰县，于是便将山东海丰改回古称无棣。北京和江苏也各有通州，为区别开来，北京通州改为通县，江苏通州改为南通县（今南通市）。安徽、陕西、云南三省都有定远县，后将陕西的改成镇巴县、云南的改成牟定县，保留安徽定远县。更夸张的是，连读音相同的地名也改了，如陕西省的同官县与潼关县读音相同，1946 年，同官县改为铜川县（今铜川市）。

民国时期，对一些少数民族地区带有侮辱性、歧视性的地名进行了更改。比如，四川的理番改成了理县、甘肃的伏羌改成了甘谷、狄道改成了临洮等，但数量有限。

新中国成立以后，地名整改工作并未停止。由于大规模的区划调整，导致了十余组新的重名现象，在 1958 年之前全部及时改掉。比如江苏的台北县与台湾省的台北县重名，前者被改成大丰县（今大丰区）；四川的梁山县与山东的梁山县重名，前者改成梁平县（今重庆市梁平区）；黑龙江的佛山为避广东的佛山，改为嘉荫县；广西也有丽江，为了不与云南的丽江重名，被改为龙州……

新中国成立后，党和政府格外重视民族工作。1951 年 5 月 16 日，中央人民政府政务院发布了《关于处理带有歧视或侮辱少数民族性质的称谓、地名、碑碣、匾联的指示》，同年 12 月 19 日，政务院发布《关于更改地名的指示》，对全国各地含有大国沙文主义不友好的地名、带有大汉族主义歧视兄弟民族性质的地名、以敌伪人员名字命名的地名、用字生僻难认难写的地名、用外国文字或外国人名命名的地名五类情况进行了更改。

新疆维吾尔自治区首府原名迪化，有启迪教化少数民族之意，于 1954 年改回维吾尔语旧名乌鲁木齐。内蒙古自治区首府归绥，系归化县、绥远县两县合并而来，改为呼和浩特，意为“青城”。此外，宁夏定远营改为巴彦浩特（今属内蒙古），新疆镇西改为巴里坤，四川靖化改为金川，贵州大定改为大方……县级以上地名共改动 50 余处。

带有大国沙文主义的地名此时也被替换。如中朝边境上的安东和辑安、中越边境上的镇南关和镇边县，分别改为丹东、集安、友谊关和那坡。

20 世纪 50 年代，伴随着声势浩大的汉字简化运动，地名中的生僻字也被读音相同且便于认读的字替换掉。在《简化字总表》中，对这些新地名进行了逐一规范，比如青海的亹源县改为门源县，陕西的盩厔县改为周至县、鄜县改为富县，四川的越嶲改为越西，新疆的和阗改为和

友谊关，位于广西壮族自治区凭祥市。明朝时称“镇南关”，新中国成立后，将其更名为“友谊关”，成为中国与越南政治、经济、文化交流的一个重要通道。

田，黑龙江的瑷珲县改为爱辉县（今黑河市爱辉区）等。地名中的异体字也先后被规范，如河南的濬县改为浚县，为避讳孔子而生造的“邱”字也被替换掉，商邱、章邱、内邱、安邱中的“邱”均改回“丘”。

自民国以来，在地方行政体制改革上，孙中山所设想的地方两级体制并未得到彻底贯彻。由于我国幅员辽阔，很多省份所辖县数量数十上百，兼之交通不便、通信不畅、战事不息，给各省治理带来了困难。基于现实的考量，1932 年 8 月，南京国民政府在各省内部分区设立介于省、县之间的行政层次“行政督察区”，指导辖区内县、市政务，通称“专区”。新中国成立后，沿用“专区”建制，并于 1968 年起改称“地区”，这就为以后的“地改市”和“市管县”体制埋下了伏笔。

“地改市”与“县改市”

新中国成立后，设市浪潮并未停止，社会主义大地上一座座城市拔地而起，其中有合肥、南宁这样的省级政治中心，有大庆、攀枝花等工业城市，有深圳、珠海等新兴城市，还有一类地级市，是由原“地区”改设而来。

“地区”系历史遗留产物，为介于省、县之间的行政层次。比如福建原有宁德地区，下辖宁德、福安、福鼎、霞浦等 9 个县，地区行政公署驻宁德县（后改为县级宁德市，1999 年升为地级市），是省政府的派出机关。1949 年，全国共有地级市 54 个、地区 170 个。

1983 年，我国实行“地改市”体制改革，将原有的地区行政公署所在县改为市辖区，相当于县直接改为地级市，或将县级市升格为地级市。“地改市”改革从江苏试点，并在全国逐渐推广开来。至2021年底，全国共有地级市293个，地区仅有7个——大兴安岭、阿里、阿克苏、喀什、和田、塔城、阿勒泰。

“地改市”的直接结果，就是地名的变迁，如原山西吕梁地区下辖离石、孝义、汾阳、交口等县，地区行政公署驻县级离石市，“地改市”后，离石撤市设区，属吕梁市管辖。再比如，安徽徽州地区于1987年设市，没有直接叫作“徽州市”，而是改称黄山市。

同样是自1983年开始，为“以大中城市为依托，形成各类经济中心，组织合理的经济网络”，我国在既有的直辖市、省辖市之外，另设县级市。江苏的昆山市、浙江的义乌市、福建的晋江市、甘肃的敦煌市、四川的都江堰市等，都是在此之后新设的县级市。截至2021年底，全国共设了394个县级市。

同时，“市管县”改革也在全面推进。所谓“市管县”，即是指以地级市管辖周边的县和县级市，以加强城乡合作、保障城市农产品供应。这样地级市在事实上变成了介于省、县之间的行政层次。截至目前，除了海南省和台湾省外，我国各省市已全面实现“市管县”。

如前所述，新设的市、区的命名方式多种多样。比如，这一时期合出了很多新的地名，也分出了不少旧的地名，分分合合，见证了区划的变迁。前者比如，合河南兰封、考城二县为兰考县，合湖北襄阳、樊城二县为襄樊市（今襄阳市）；后者比如，将旅顺、大连合称的地名辽宁旅大市改为大连市，将荆州、沙市合称的湖北荆沙市改为荆州市，将石家庄、休门合称的河北石门市改为石家庄市。

云南省迪庆藏族自治州香格里拉市松赞林寺，是云南省规模最大的藏传佛教寺院，被誉为“小布达拉宫”。“香格里拉”，藏语意为“心中的日月”。明嘉靖年间，该地称“忠甸”，后改为“中甸”，2001年改称香格里拉县，后撤县设市。

但在市场经济背景下，地方形象很重要。于是，很多县设市或改区之后，便以古代的府、州名代替县名，比如北京通县改为通州区、浙江宁波的鄞县改为鄞州区、江苏泰县改为泰州市、广西横县改为横州市、山东滕县改为滕州市、河北滦县改为滦州市，等等。

除此之外，一个或响亮、或有名、或古雅的地名也是各地招商引资的重要名片。风景名胜区往往最受青睐，继徽州地区改设黄山市后，四川灌县更名都江堰市、福建崇安县更名武夷山市、湖南大庸市更名张家界市、四川南坪县更名九寨沟县、云南中甸县更名香格里拉市等。历史典故也为重要的改名选项，因相传炎帝埋葬于境内，湖南酃县更名炎陵县；在湖北，蒲圻市因为是赤壁之战的发生地，更名为赤壁市。有些地方则恢复了更具文化价值或经济价值的传统地名，湖北襄樊恢复古地名襄阳，西安户县改为鄠邑区，云南思茅市更名为普洱市……

2016 年 4 月 13 日，徽州更名黄山 30 年后，《人民日报》刊发题为《地名是我们回家的路》的文章，称“慎重更换地名，就在于对地名有情感。这种情感，是个人的，是家族的，更是地方的、民族的。诸多地名情感的滋生、蔓延与丰富，才构成一个民族的文化自尊”。地名所承载内涵之丰富决定了其不仅仅是一方代号，它的每一次更迭也恰似追随着历史的足迹，如雪泥鸿爪，留下线索供世人追寻，成为中华大地上一笔宝贵的文化遗产。

文 / 蒋波

大禹治水 武王伐纣 赤壁鏖战

华夏青史的地理印记

历史的车轮行过辽阔大地，总能在某些特殊拐点留下难以磨灭的辙痕。打开神州地图，我们可以在历史的天空看见无常的风云变幻，又可以在岁月长河磨洗出文明古国的精神图腾。几千年来，我们自称炎黄子孙，那么关于神州地名与华夏青史的故事，就要从一片被赋予炎帝即神农氏之名的神秘土地——湖北神农架说起。

地名里的远古史

千峰陡峭，万壑争流，这片位于我国湖北省西北部的林区有着来自亘古时代的美感，再看它与远古传说关联的“神农”之名，更添几分神秘。相传上古时代，人们饱受瘟疫横行之苦，此地是草药茂密之地，但大多数珍稀药草都生长在悬崖绝壁处，不易取得，神农氏在此架木为梯，采尝百草，救民疾夭，此地遂得名“神农架”。

“神农尝百草”的传说很古老，但“神农架”作为地名出现的时间却很晚。1943 年，教育家贾文治率 150 余名科技人员考察神农架，编写了《神农架探察报告》。这份报告认为“神农架起于何时，殆无可考。据当地土人云，昔时神农皇帝于其处采木建屋，工未遂而神农升天成神，空留屋架于人间，后人遂以神农架之名也”。可是在古代文献中，完全寻不到相关记载，神农架之名直到近代才首次见于文献——清同治年间所编地方志《兴山县志》载，“老君山其最高处曰神农架”。

其实在地图上，这类与中华远古史关联的地名不在少数，而神农架算是比较有代表性的一处。它们的意义并不在于那些上古传说是否的确在此地发生，更多是寄托了人们的美好愿望。神农氏作为传说中以药抗疫的代表，他的事迹被附会于荆楚大地上的一片森林中，这地名背后蕴含的是人们通过对这位传说人物的追思，祈祷疫病退散，天下无疾。

神农架在今天的行政建制中仍是特殊的存在，它由湖北省直辖，全称为“神农架林区”，是中国唯一以“林区”命名的行政区划。一个“林”字，可知此处定是风光秀丽、物华地灵。

很多与传说时代息息相关的地名都有两个共同点：一是地名诞生时间要远远晚于事件发生时间；二是虽以历史（传说）人物命名，但背后蕴含着人们对平安的祈祷和对自然的敬畏。历史上，洪灾对农耕民族同样是梦魇般的存在，治水问题曾让历代统治者焦头烂额。对洪水的畏惧，就很容易令人们对远古时代的治水英雄产生崇拜和怀念。

盘点沿革至今与远古传说关联的地名会发现一个有意思的现象，即与大禹治水的故事关联的特别多，尤其是黄河、长江流经之处，如河南省开封市禹王台区、河南省禹州市、安徽省蚌埠市禹会区、山东省禹城市、浙江省杭州市等，遍布大江南北。

以知名度而论，杭州绝对算得上“顶流”之一。但很少有人知道，杭州地名的由来也与大禹有些渊源。杭州古称临安、钱塘、武林、杭城等，而它在历史上的第一个名字叫余杭。“余杭”的由来主要有两种说法，其一见于清嘉庆《余杭县志》，记载说“余杭”本为禹杭，因大禹在此治水而得名，后转讹为余杭。其二则认为“余杭”系百越语地名。这两种说法究竟哪种更可信？显然是后者。因为第一种说法不仅出现时间非常晚，而且从事件本身推断也不太能立足，这种判断主要基于大禹以及夏王朝的活跃范围而定。

夏禹是夏朝的开国君主，他生活的时代基本还处于原始氏族制度末期。当时社会生产力低下，交通闭塞，所以禹同时活跃于黄河流域和长江流域诸地的可能性很低。那么，与他有关的众多地名中，哪些最有可能真是大禹治水地呢？根据有限文献推测，远古时代的夏部落联盟活动地区，大致西至今河南西部和陕西南部，东至河南、河北和山东三省交界地，与当时存在的其他部族呈犬牙交错之局。

从夏部落活跃区域来看，今天河南和山东部分地区为当年治水地的可能性较大，位于江南的浙江则很难扯上关系。通过溯源不难发现，与大禹相关的地名，更多是寄托着饱受洪灾之苦的民众之心愿。今河南省开封市下辖的禹王台区，位于黄河中下游，因著名古迹禹王台而得名。禹王台又称古侯台，最初与大禹并无关系，相传春秋时期晋国乐师师旷曾在此吹奏乐曲，称此台为“吹台”。自元明以来，开封屡遭黄河水患，苦难的开封人民不禁怀念远古时代的治水英雄大禹。明嘉靖二年（1523 年），人们怀着对大禹的敬仰，于古台之上建禹王庙，为其供奉香火，祈祷他能守护这一方水土，从此才有了“禹王台”这个名称。

地处河南省中部的县级市禹州，关于夏禹的传说更为久远和有力，毕竟有《水经注》明文记载“夏禹始封于此”。禹州古称夏邑，有说法认为这里曾是夏朝都城，又称夏都。禹州之名不是自古有之，历史上它还曾拥有过阳翟、颍川、钧州等名，直到明万历三年（1575 年）四月，因避明神宗朱翊钧讳，加上此地本身就有大禹传说，故而改钧州为禹州。其后提及禹州皆言“因大禹治水有功受封于此而得名”。位于山东省西北部的禹城市同样在千年前就流传着大禹在此治水的传说。唐天宝元年（742 年）设县命名为“禹城”，并于城西建立禹王亭，其意就是纪念大禹率众治水，也祈求大禹保佑这一方安宁，不受洪灾侵害。后来的变迁岁月里，禹王亭数次毁于战乱，但动荡之后总会重新修建，至今犹存。

位于安徽东北部，作为淮河文化发祥地之一的蚌埠市禹会区之名，和“禹会诸侯”“禹娶涂山”等历史事件相关。禹会古为涂山氏国，北魏郦道元在《水经注》中记载“禹墟在（涂）山西南八里”，相传因大禹在此会盟诸侯，商议治水大计而得名。

武王伐纣路线图

从殷商时代起，因重大历史事件而诞生的地名逐渐变多，且不再像远古史中那般缥缈，而是变得具体，有史可查，有迹可循。打开河南省地图，在洛阳、焦作、新乡这三座城市下辖的区县里，会发现有不少地名皆因3000多年前的一场决定中国历史走向的战争——武王克商之役而诞生。

周革殷命是个漫长的过程，周文王励精图治，国力渐强后与殷商决裂，创天下三分已得其二之局，为周人奠定了以“小邦周”克“大邑商”的基础。文王去世后，太子发即位，承文王遗志继续伐商。对周武王而言，争取诸侯支持是取胜的关键。为便于进攻商都朝歌（今河南淇县），周武王将都城由丰（今陕西西安西南沣水西岸）迁至镐（今陕西西安西南沣水东岸），又率大军行至黄河北岸一处渡口，举行了一次具有强烈政治意义的阅兵仪式——“盟津观兵”。武王此举有两个目的：一是带有军演性质，熟悉地形与路线，预先作好部署，以便日后大军渡河北伐；二是约定诸侯在此会盟，约定日期，今后于此会合誓师打响灭商的最后一战。“津”指渡口，而“盟”显然指会盟，“盟津”这个地名是因武王会盟诸侯之事而诞生。

这个影响历史进程的“盟津”究竟在什么位置呢？今天地图上有两处地名与此皆有渊源，一处是河南洛阳市下辖的孟津区，另一处是焦作市下辖的孟州市，相距大约60千米，两地之名的渊源皆肇始于“盟津观兵”。“孟津”之名最早见于《尚书·泰誓》记载周武王“大会于孟津”，显然与《史记》的“盟津”是同一地点，早期应为盟津，后来逐渐演变为孟津。根据唐代张守节《史记正义》记载，三国时期军事家杜预曾对会盟地点进行考证，他认为：“盟，河内郡河阳县南孟津也。在洛阳城北，都道所凑，古今为津，武王渡之，近世呼为武济。”杜预给出的方位也得到后世大多学者认同，当时的河内郡河阳县就是今天孟州市的古称。

那今天洛阳市孟津区有没有可能是“盟津”呢？同样有可能。历代学者为“盟津”究竟在黄河南岸还是北岸之事争执不休，其实大可不必陷入争论，首先，历史上黄河河道数次变化，很可能导致某地在南岸、北岸之间发生变化，要确立3000多年前的精准位置并不容易。其次，盟津本身是一个渡口，那么就应该包括南岸和北岸两个渡口。洛阳孟津区与焦作孟州市都位于洛阳北部，在今天还同属于洛阳都市圈，两地距离较近，地名源自同一历史事件也合情合理。

公元前1046年，周军与诸国部落组成联合军，渡过盟津，东进伐纣。如今河南省西北部焦作市下辖的武陟县之名，与这场大进军有关。武陟县于隋开皇十六年（596年）置，这是“武陟”首次出现。它的命名有两种说法，最早见于明万历年编撰的《武陟县志》，此地因是周武王进军克商、提牧野之师、兴兹土之地，遂名“武陟”。另有一种说法认为“陟”有登高之意，认为可能是武王进军途中在这里登上一座高山而命名。

大军向商王都朝歌不断推进，在决战打响之前，周武王作《牧誓》进行全军总动员，随后于朝歌城外的牧野与殷商展开最后决战。

牧野位于今河南新乡市北部，牧野之战前并非专有名词，而是相对殷都朝歌而言的位置。当时都城由内而外的位置分别以城、郭、郊、牧、野来称呼。简单地说，“牧野”原指都城郊外的地方。但牧野之战后，“牧野”就专指这一片地区了。牧野古战场的具体位置历来争议颇多，直到 20 世纪 80 年代，考古人员在新乡市凤泉区和卫辉市之间的山麓发掘出大量文物后才基本确定了战场的地理位置。2003 年 12 月 25 日，国务院批准同意新乡市郊区更名为牧野区，此后人们但凡见到此地名，便能联想到 3000 多年前那场决定商亡周兴的命运之战。

灭商后，周武王罢兵西归，我们也跟随武王回师的路线，将目光再转回洛阳地区。与孟津区毗邻、位于洛阳盆地东隅的偃师区，其名同样源于这场战役。偃师曾以古都著称，有“洛阳九朝古都半在偃”之说。偃师古称西亳，为商三亳之一，相传帝喾和汤在此建都。偃师县在先秦时已设置，秦统一后偃师县与缑氏县屡有分合，但偃师之名一直沿用。唐德宗时期，当朝宰相、史学家杜佑在《通典》中首次载其名之源：“偃师，武王伐纣，回师息戎，遂名偃师焉。”武王从孟津、孟州出师，途经武陟，战于牧野，西归偃师，这几个沿用至今的地名恰恰反映出武王伐纣之役的行军路线。

除了商周易代这种重大历史事件之外，在春秋战国长达数百年的乱世里，很多即使算不上著名，也谈不上影响深远的事件也会贡献一批地名。例如河北省沧州市的南皮县，宋代的地理志史《太平寰宇记》记载此地是因齐桓公兴兵救燕北伐山戎，至此筑城制皮革而得

湖北省秭归县屈原祠。屈原祠位于秭归县东 1.5 千米长江北岸的向家坪，又称清烈公祠，为纪念屈原而建。秭归地名由来的几种说法中，最广为人知的就是屈原贤姊归来之说。秭归名胜多与屈原有关，县城东门外，牌坊有郭沫若手书的“屈原故里”四个字。

名。当然还有一类与历史著名人物有关，如陕西省延安市吴起县，这里既不是战国名将吴起的故乡，也不是他长期生活的地方，但在清嘉庆二十四年（1819 年）靖边县置镇时，采用了吴起曾在此驻兵戍边的典故而命名“吴起镇”；湖北省宜昌市秭归县的地名同样来源于著名历史人物，《水经注》记载“屈原有贤姊，闻原放逐，亦来归……因名曰姊归”，“秭”由“姊”演变而来；河南省许昌市下辖的襄城县，本是秦始皇统一六国后而设置，但它的名字与春秋时期的周襄王在此居住相关。

秦统一六国后，改分封设郡县，是中国行政区域的一大变革，此后近百年间诞生的一系列新地名，绝大部分与秦始皇和汉武帝这两位政治强人有关。

秦皇汉武经行处

秦始皇留下的地名总结下来有两大主题：一是征服，一是寻仙。先来看第一类，古都洛阳又该登场了。今河南省洛阳市下辖的新安县已有 2000 多年历史。该地是公元前 221 年，秦始皇统一六国后所设置。新安在当时属战略要地，地名取“安”字，有长治久安之寓意。另一处比较有意思的是南京的秦淮区，相信很多人一看这地名就知道是因秦淮河而来。不过这条有“中国第一历史文化名河”之誉的秦淮河之名又是如何得来的呢？秦淮河古称龙藏浦，一说汉代也称为淮水，秦淮作为正式称谓是唐代以后的事，但“秦淮”却有个与秦始皇相关的典故，即嬴政导龙藏浦北入长江以破当地的王气，唐人也正是根据这一传说给淮水赋予“秦淮”之名。

为了“示疆威，服海内”，秦始皇先后五次巡视全国，这当中也包含其为求长生之法而外出寻仙的目的。他第四次出巡最北至辽西郡，在此刻碣石门，并派燕人卢生、韩终、侯公、石生等方士入海求仙人和不死药，这里就是河北省秦皇岛市，不过秦皇岛作为地名在明代才出现。另一个因秦始皇寻仙而得名的地方是位于山东半岛北端的蓬莱市。江苏省镇江市下辖的丹徒区，原为丹徒县，也是秦始皇东巡时听信术士之言，说谷阳京岘山（今不存）有王气，于是派 3000 身着赭衣的囚徒凿断山脉，以败其势，为了厌胜还给此地起名“丹（赤衣）徒（囚徒）”。

秦始皇的寻仙之旅终究未得其果，他本人也病逝于巡游途中，短短几年后，大秦帝国就在农民起义和群雄举事的烽火中覆灭。又过了半个多世纪，一个常被后人与秦始皇并称的帝王——汉武帝脱颖而出。他在位期间派卫青、霍去病多次出击匈奴，迫其远徙漠北；又命张骞出使西域，沟通汉与西域各族联系。此外，汉军还先后平定闽越、东瓯、南越等地区的叛乱，于其地设置郡县。武帝在开疆拓土的过程中，再次为这片土地创造了一批具有时代色彩的地名。

先来看位于中原地区的河南省新乡市下辖的获嘉县。仅凭地名，人们恐怕很难想到，它的由来与一场千里之外的叛乱有关。元鼎五年（前 112 年），汉武帝收到南越国宰相吕嘉起兵反汉的消息，同年秋季，汉帝国兵分五路进攻南越。叛乱平定后，汉伏波将军路博德诛杀罪魁吕嘉，将其首级派送献给汉武帝。当时汉武帝正在出巡途中，行

河北省秦皇岛市“老龙头”。秦皇岛市因秦始皇巡游到此而得名。“老龙头”位于山海关东南部渤海之滨，是明长城的东起点。长城像一条巨龙，横亘在华夏大地之上，东端在山海关城南直插入海，犹如龙头高昂。“老龙头”由入海石城、海神庙、靖卤台、南海口关、宁海城和澄海楼组成，由明代抗倭名将戚继光带兵修建而成。现为秦皇岛市具有代表性的名胜古迹之一。

至汲县新中乡时，正好收到献来的吕嘉首级，武帝大喜，取擒获吕嘉之意，改新中乡为“获嘉县”。与之关联的还有山西省闻喜县，当时武帝巡幸缑氏（今河南偃师）经此，闻官军平南越大捷之喜讯，遂将左邑桐乡改名为闻喜。

当然，武帝的主要武功还是与对匈奴的战争相关。元朔二年（前127年），卫青、李息一战而捷，夺取河套地区；元狩二年（前121年），汉武帝派遣霍去病西征，于春、夏两次出击占据河西地区东部的浑邪王、休屠王部，其地点就是今河西走廊及湟水流域。这场令人振奋的胜利将河西走廊纳入大汉版图，武帝遂于河西走廊设置武威郡、张掖郡、酒泉郡、敦煌郡，合称“河西四郡”，行政范围大致包括今甘肃省西部的武威市、金昌市、张掖市、酒泉市、嘉峪关市及内蒙古自治区西部的阿拉善盟一带。

东汉末年学者应劭为《汉书》作注时，对张掖之名解释为：“张国臂掖，故曰张掖。”从政治和外交方面来看，张掖也是丝绸之路的商贾重镇和咽喉要道，所以武帝“张国臂掖”的目的不仅要断匈奴之臂，也有以通西域的意思。酒泉之名与霍去病相关。霍去病在讨伐匈奴的战争中成功将敌人残部驱逐到玉门关外，汉武帝听闻捷报，御赐一坛好酒犒赏有功将士，可是酒少人多，应该如何分配呢？霍去病决定将酒倒入泉水之中，这样一来，不仅所有将士都能分享胜利的佳酿，而且“取一樽，复生焉，与天同休，无干时”，酒泉也因此得名。至于河西走廊东端的武威市，同样是因霍去病远征河西，击败匈奴，为彰显“武功军威”而得名。

甘肃省酒泉市钟鼓楼。钟鼓楼位于酒泉城中央，最早创建于东晋永和二年（346年），属前凉政权管辖。明朝以来又数次翻修，到明中后期，鼓楼逐渐演变成肃州（今酒泉市肃州区）古城中心。不过酒泉市的地名由来则更古老，可以追溯到西汉武帝时期，霍去病出击匈奴获胜后与将士共饮美酒的典故。

三国地理，英雄印记

大概没有哪个时代能像汉末三国那样，给中国人留下如此根深蒂固的影响，即便到了今天，无论历史研究、影视作品、电子游戏甚至到零食、打车软件，三国人物仍无处不在。丰富多彩的神州地名里，这个时代自然也有巨大贡献。简而言之，与三国时代相关的地名分为三大类，其一是当时的历史事件发生地，由当事人亲自改定的地名；其二是后世或因纪念三国时期人物，或因考古发现而定的地名；其三是受三国故事影响的后人附会历史而衍生的地名。

先看第一类，今湖北省公安县和宜都市都是由刘备亲自定名。汉末三国时期的荆州并非一座城市，而是“州”级行政建制，囊括当今湖南、湖北全境及河南南部地区。赤壁大战前，荆州核心治所在襄阳。建安十三年（208 年），曹操引军南犯，孙刘联军于赤壁大破曹军，一年后周瑜攻克南郡，荆州争夺的核心遂转移到南郡的治所江陵，也就是今天的荆州市。南郡之战的胜利打破了荆州原有格局，曹操势力除了占据北部襄阳为据点，基本退出荆州。对荆州南部地盘的划分使得周瑜与刘备的关系趋于紧张。周瑜领南郡太守，屯兵于江陵。此时东吴还任命程普为江夏太守。南郡是刚打下来的，交给周瑜没问题。可江夏本来就属于刘备和刘琦的控制范围，如今却要刘备拱手让出。不难看出，这场同盟从一开始东吴就处于上风，刘备所受种种不公的屈辱可想而知。攻克江陵后，刘备仅分得南郡南岸一小块，即孱陵地区。当时刘备的职衔为左将军，人称左公，遂取“左公安营扎寨”之意，改孱陵为公安。刘备一如既往地顽强，即使地盘很小，但正如这个地名的美好寓意，他终于结束了颠沛流离的逃亡生涯，左公从此安定了！

这年与公安一同改名的还有宜都。此前曹操南征吞并荆州后，将南郡枝江以西的地方划为临江郡，曹军赤壁兵败后，刘备控制了这块地盘，遂改临江郡为宜都郡，取“宜于建都”之意。只可惜后来关羽大意失荆州，刘备又于夷陵之战惨败，公安、宜都均为孙权所占。其实，为我国贡献地名最多的三国人物正是这位在荆州争夺战中坐收渔人之利的孙权。

三国时期孙吴政权改定了一大批地名，而且大部分得以沿用至今，其中最著名的当属广州。东汉末年群雄割据时，位于南方的番禺（今广东广州）属交州，在东吴的势力范围内。建安二十二年（217年），交州刺史步骘将治所从广信（一说为今广西梧州，一说为今广东封开县）东迁至番禺。孙权称吴王后，于黄武五年（226 年）把交州改名为“广州”，这是广州得名之始。当然，三国时代的广州和今天不是一个概念，其辖区包括今广东、广西和越南部分地区，只是后来历经演变，作为行政区划单位的“州”不复存在，但广州之名则在当年的治所番禺地区得以延续。此外，还有诸如浙江省的永康市、嘉兴市等。

第二类是后人为纪念三国人物而命名的地方，较具代表性的是重庆市下辖的奉节县。奉节县在汉末时名鱼腹县，也是白帝城所在地。蜀汉章武二年（222 年），刘备于夷陵之战惨败，退兵至鱼腹县，改名“永安县”，一年后刘备病逝于此，临终前刘备将蜀汉基业托付于诸葛亮，即历史上著名的永安托孤。“奉节”之名始于唐贞观年间，意在旌表诸葛亮“临大节而不可夺”的品质。

同样属于后人纪念的还有今河南省许昌市下辖的魏都区和建安区。前者比较好理解，曹丕称帝后，定都洛阳，又设了 4 个陪都，曾经曹操王霸之业的起飞点许昌就是其中之一。至于建安区，是 2016 年 11 月才改的名，意在纪念许昌建安文化在我国文学史上的重要影响。地处湖北省东南部、长江中游南岸的赤壁市也是三国文化十分浓厚的城市，然而哪怕在 20 多年前，这里还叫蒲圻市。随着 20 世纪 90 年代央视版《三国演义》播出后，三国热席卷全国，加上对赤壁之战古战场具体位置的诸多争议里，大部分专家都认可蒲圻市就是赤壁之战的发生地，蒲圻市遂提出更名为“赤壁市”。1998 年 6 月 11 日，民政部批复同意将蒲圻更名赤壁，就这样，乘着三国文化的青云，赤壁市迅速名扬天下。

第三类地名大概率和三国正史无关，反而有很重的演义痕迹。这里以湖北荆门市下辖的掇刀区为例。这个地名因掇刀石而来，而这块石头的传说迟至清代才见记载。相传关羽曾在此屯兵，将青龙偃月刀掇于巨石中，人们便将这块巨石命名为掇刀石。然而正史上并未记载关羽使用的武器是刀，青龙偃月刀更是宋代才出现的武器，加上掇刀传说又出现于关公崇拜已兴起的清代，应该是受小说《三国演义》的影响而来。这类地名虽然很难与历史事件直接对应，但从另一个角度看，这恰恰也反映了数百年来三国文化对中国人的影响，同样具有人文色彩。

三国赤壁古战场俯瞰图。位于湖北省赤壁市南岸，学界主流观点认为该地就是当年赤壁之战发生地。赤壁古称蒲圻，缘起于三国时期东吴设置的蒲圻县，因湖多盛产蒲草形成集市而得名。一直到 1998 年，蒲圻市因纪念赤壁之战才改名为“赤壁市”。

夔州古城依斗门，位于奉节县，奉节之名始于唐代，意在旌表诸葛亮“临大节而不可夺”的品质。

“双重喜庆”与“天子津渡”

在现存地名里，存在大量因帝王对个人行为进行具有仪式感的纪念而命名或改名的地方，这种现象自唐代开始越来越频繁。例如武则天称帝后曾驾临嵩山，并亲登太室山封中岳之神，为了纪念这次封神仪式，她将少室山下的阳城县改为“登封县”，年号改为“万岁登封”，这个称谓一直沿用到今河南省登封市。在武则天执政时期，所有新设郡县均冠以“武”字，如今浙江省金华市武义县，武周时期设县，因县东有百义山，故以“武义”为县名。

河南省灵宝市之名也是唐玄宗因个人崇信道教，喜得“灵符”后亲自御赐。类似情况还有广东省肇庆市，肇庆古称端州，与宋徽宗赵佶即位前受封的端王重合一字，宋徽宗登基后亲赐御书，改端州为肇庆，意为喜庆吉祥之始，此名也一直沿用至今。类似的还有重庆，此地原名恭州，南宋光宗即位前封于恭州，是为一庆；光宗又再次即位，是为二庆，故名重庆府。列举一系列此类地名，不难发现，它们缺少故事性，如果不是专门研究，很难广为人知，即使是当地导游在介绍时，也往往一笔带过。真正令人印象深刻的，还是那些与历史大事件关联，尤其是见证了倾国的离乱、倾城的覆亡，犹如历史伤痕般的地名。

安史之乱可说是中古史的分水岭，四川省广元市下辖的朝天区之名是这段历史在地图上为数不多的痕迹。天宝十五载（756 年），唐玄宗在亲兵护卫下入蜀，至广元府时，各州县官员在此迎接朝见，而后取“朝见天子”之意，将此地更名“朝天镇”。但结合当时的情况琢磨，朝天之名看似尊崇，背后却是唐玄宗李隆基无法言喻之痛。毕竟此刻的他并非风光巡游，而是在“渔阳鼙鼓动地来”的离恨中颠沛流离。一路上，他眼看着爱妃杨玉环死在面前，眼看着曾缔造的那个令人心驰神往的开元盛世被安史之乱的战火吞噬，而面对这一切的他却无能为力，只能一路南逃，苟且偷生。在此背景下诞生的“朝天”，是讽刺，也是大唐王朝永远难以愈合的伤痕。

相比之下，天津之名虽然也生于战火，但这个“天”字背后却充满明成祖傲视群雄的王者之气。事起于建文元年（1399 年）七月，燕王朱棣起兵发动“靖难之役”。战事之初，燕军仅只据北平一隅之地，建文帝一方则占压倒性优势，但由于南军指挥系统昏招迭出，以致战局在一年后逆转。燕王朱棣亲自提领大军，打出“清君侧，靖国难”的旗号，自北平出发，不久后大军即抵达一个叫海津镇的地方，此处是元延祐三年（1316 年）在直沽所设的行政建制，燕军从这个小镇渡口渡河，一路挥师南下。经过几年征战，朱棣最终攻破南京城，从侄子朱允炆手中夺取了他梦寐以求的皇位。永乐二年（1404 年），已加冕为帝的朱棣想起当初海津镇的那个渡口，遂昭告天下，将此地改名为天津，意为“天子津渡”。唐玄宗的“朝天”多少有些讽刺意味，但朱棣的“天津”却充满荣光与骄傲。

除了政治、军事斗争，一些文化名人个人的际遇也可能为后世提供新地名。我国有很多以“阳”为名的地方，基本是以方位来定名，但贵州省贵阳市下辖的开阳县之“阳”则有另一层含义。根据《开阳县志》记载，县名源于嘉庆十五年（1810 年）所建的“开阳书院”。书院名称则是取“开阳者，益欲开阳明之学也”之意。这样一来，“开阳”之名又得追溯到明朝心学集大成者王守仁（号阳明）的一段

贵州省贵阳市下辖修文县阳明洞古建筑群景观。阳明洞位于修文县城东栖霞山，因明朝中期哲学家、教育家王阳明在此悟道而得名。修文所谓地名最早见于明末，原本与平定奢安之乱有关。但因之前王阳明在此悟道，因而自清代以来又衍生出地名与王阳明有关的说法。

重要人生经历了。

王守仁，余姚人，明弘治十二年（1499 年）中进士，初任刑部主事。明武宗正德元年（1506 年）因上疏论救被大太监刘瑾迫害的戴铣等人，触怒了权势熏天的刘公公，被处杖四十，谪贬至贵州龙场（今贵阳西北七十里，修文县治）。正是在担任龙场驿栈驿丞期间，王守仁对儒家经典有了新的领悟，撰写了《教条示龙场诸生》。这就是中国哲学史上著名的“龙场悟道”，由他开创的阳明心学对后世产生了深远影响。

龙场就在今天的修文县。“修文”之名在明崇祯年间已见于记载，川黔地区爆发了一场叛乱——奢安之乱，贵阳被叛军围城长达 10 个月之久，战况异常惨烈。这场动乱被平定后，出现了“息烽”和“修文”两个新地名，大概是取“偃武修文”之意。但又因王阳明龙场悟道的地方正是修文，所以从清代开始，“修文”的地名解释就出现了另一个新的说法，即阳明先生在龙场创办书院，传播心学，“修文”之名正与之印证。如今修文县有“王学圣地”之誉，阳明传道说自然也更广为人知。

修文是个典型的代表，不少地名的含义的确会随着人们精神追求的改变而发生变化。从远古到明清时代，留在神州版图上一个个别具一格的地名，可以说是几千年风雨中那些惊心动魄的历史瞬间的见证。这些名称从诞生到演变乃至含义发生变化，折射出的也是生活在不同时代的中国人所追求的道德标准与人文精神。

文 / 周渝

协和万邦

来自古代部落侯国的地名

《尚书》里有句话，叫作“协和万邦”，体现了先秦时期部族、邦国林立的实际情况。作为一个多民族统一国家，今天中华版图上的许多地名，仍然可以上溯到非常古老的部落、侯国。

封建亲戚

谈到先秦时期的邦国，人们很容易想到一个词，叫作“东周列国”。这大约是因为明代小说家冯梦龙写过一本《东周列国志》的关系。其实，春秋战国时期的列国争霸固然精彩，但其中的多数诸侯国，早在西周时期就已经存在了。

“武王伐纣”与周公平定“三监之乱”之后，为加强对中原地区的统治，西周统治者两次分封诸侯。除了“论功行赏”之外，更重要的是让他们起到控制当地、稳定周朝统治秩序的作用。用古书上的话讲，就是“封建亲戚，以藩屏周”（《左传》）。人们熟悉的“封建”这个词就在这时候出现了。不过，如今的“封建社会”是近代日本学者转译西语时借用了古籍上的汉字，两者的内涵大相径庭。

西周分封了多少诸侯呢？按照战国思想家荀子的说法，西周早年一共分封了 71 个诸侯国，其君主主要是王室亲族与开国的功臣谋士，因此与周王室同姓（姬姓）的诸侯国占了绝大多数——多达 53 个。至今，在中原大地上仍然可以找到一些古国封邑的名字。比如今天河南省省会郑州与其下辖的新郑市的来历，就都与春秋时期的郑国有关。

郑国是个西周晚期才诞生的诸侯国。它的开国君主郑桓公是周宣王之弟，最初分封在西周王畿之内的“郑”，就以地名称其国。其势力范围在今关中平原西南部渭河南岸地区。那个“烽火戏诸侯”的周幽王在位时，郑桓公身为皇叔，在镐京担任司徒。他眼见“王室将卑，戎狄必昌”，只得替自己家族留一条退路。公元前 779 年，郑桓公把家族、部属、财产搬到“济、洛、河、颍（济水、洛水、黄河、颍水）之间”，建了一个新邦，仍然称之为“郑”，于是就有了“新郑”这个地名。

按照《国语》的记载，郑桓公向周朝太史讨教家族去向时，后者分析天下形势时提到南方有个“随国”。西周王朝在汉水以北、淮水上游一带设置了随、蔡、蒋、唐、息等诸多同姓封国，这就是《左传》中所说的“汉阳诸姬”。这些诸侯国名许多也已成为今天的地名。比如“随国”正是今天的湖北随州一带，人称“汉东之国随为

河南省新郑市郑韩故城。故城由春秋时期的郑国始建，韩灭郑后，迁都于此。郑国是个西周晚期才诞生的诸侯国，它的开国君主郑桓公眼见周王室大厦将倾，把家族、部属、财产搬到“济、洛、河、颍之间”，建了一个新邦，仍然称之为“郑”，于是就有了“新郑”这个地名。

大”。息国则在如今的河南息县（今属信阳市）。春秋早期，息国与附近的申国（今河南南阳）被楚国吞并，提供了大量兵员。于是楚军在城濮之战（前 632 年）被晋人打得惨败后，楚成王派人责备主将成得臣“大夫若入，其若申、息之老何？”自觉无颜见申、息父老的成得臣只好引咎自裁。消息传到晋国，晋文公为去掉一个劲敌而额手相庆，还留下一个成语“莫予毒也”——再也没有人威胁我了！

而在“汉阳诸姬”里，“来头最大”的大概是蔡国了。其开国始祖是周武王的弟弟——名列“三监”之内的蔡叔。可惜进入春秋时代以后，蔡国国势不振，很快落入楚国的势力范围。到了公元前 6 世纪，蔡国先为楚灭，而后幸运地异地复国。这一来一去，就在今天河南省驻马店市留下了“上蔡”“新蔡”两个县名。

可能有人也会注意到，诸如“郑”“蔡”这样的诸侯国名，如今也是国人常见的姓氏。在《百家姓》里，“郑”排第 7 位（“周吴郑王”），蔡则列第 155 位（“高夏蔡田”）。这其实也不是巧合。

在现代人的概念里，姓和氏没有什么区别。《现代汉语词典》的“姓氏”条目下写道：“表明家族的字。”这表明“姓氏”在现代汉语中已经成为一个双音节词。但早期的姓氏可没这么简单，是两个截然不同的概念。

按汉代《说文解字》记载：“姓，人所生也。古之神圣母感天而生子。”“母感天而生子”，说明“姓”最初产生于只知其母、不知其父的母系氏族社会，这从留存到如今的历史悠久的古姓多是“女”字旁就看得出来，譬如“姬”（黄帝）、“姜”（炎帝）、“姚”（舜帝）、

“姒”（大禹），俱是如此。

而氏实际上是姓的分支。所谓“姓者，统其祖考之所自出；氏者，别其子孙所自分”（《通鉴外纪》）。这一出一分，表明“姓”就是代表着宗法制度中一个宗族始祖的所在，而“氏”则成为自其始祖所繁衍、分化出来的子孙后代的称谓。“氏”的来源五花八门，有“以官为氏”的，比如司徒、司马都是西周的官位（“司徒”掌教化、“司马”掌军事），其后代就以其官名为氏。而“以邑为氏”的也很多见，比如晋武公的一个儿子封在羊舌（今山西沁县），其后人就以“羊舌”为氏。

到战国以后，宗法制度解体。姓氏遂混淆不分。《韩非子》记载：“（齐国）吕氏弗制，而田氏用之……（晋国）姬氏不制，六卿专之也。”其实，“吕”应为氏（姜姓），“姬”则是姓，韩非将二者相提并论，可见姓和氏在当时已无分别。无怪乎顾炎武断言“自战国以下之人，以氏为姓”。这样一来，郑国和蔡国本来都是姬姓，但两国灭亡后遗民都以国名为姓。另外有个成语叫“假途伐虢”，其中的“虢”也是姬姓，但亡国之遗民“以邑为氏”。这就是百家姓里的“郭（古时通‘虢’）”的一个来源。

上古列邦

不过，即便在西周早年的所谓“成康盛世”，诸侯国也不全是与王室有关系的功臣勋贵（以“姬”“姜”两姓为主）之后。周人的分封对象，也包括神农氏、黄帝、尧、舜、禹等所谓“先圣王”的后裔，但这只是对这些至少在名义上服从周朝权威的邦国表示承认而已。

“杞人忧天”这个成语家喻户晓。其中提到的“杞”国据说出自大禹之后，是夏朝王室的后裔。孔子曾为考察夏朝之礼而到访杞国，只是由于杞国文献也多散失，因此只能感慨：“夏礼吾能言之，杞不足征也。”（《论语·八佾》）今天河南开封市下辖的“杞县”就来源于这个“杞国”。如今河南省还有一个邓州市，也是以上古时期的“邓国”而得名。传说商王武丁分封他的叔父蔓叔于邓（约在河南邓州西南的林扒镇），其国祚传至春秋。这里也发生了一个与“假途伐虢”差不多的故事。春秋早期，楚文王打算起兵攻打申国，必须途经邓国。其实，邓国是楚国的邻国，灭邓比灭申更方便。但楚文王的父亲楚武王有一位夫人是邓人，故而邓主觉得楚国不会对亲戚下手，于是放任楚军过境——结果可想而知，楚文王经邓袭申后便回师攻邓了。

这自然是应了那句话，“春秋无义战”。随着诸侯兼并战争日益加剧，大国疆土愈来愈广，于是秦、楚等国率先在新开拓兼并的土地上置“县”，交给受国君任命的官员（县尹、县公、县大夫）管辖，因此取代了原有封土食邑的陈规旧制，大大加强了中央集权。秦武公十年（前 688 年），秦国“伐邽、冀戎，初县之”，第二年又开始在杜、郑两地设县。这就是史籍中记载的第一批县。如今河南平顶山市下辖的叶县，其地名由来就是春秋后期楚灵王设置的叶县。楚封沈诸梁于叶，号为“叶公”。叶公曾问政于孔子，他也是成语“叶公好龙”的主人公。

苏州阊门夜色。阊门始建于春秋时期，是吴国都城——阖闾大城八门之一。吴都在江苏苏州，今苏州市的吴中区便是由春秋时期的吴国名而来。

就在春秋时代进入晚期的时候，在长江下游和钱塘江流域，吴、越两个强国突然兴起，他们的武力震动了华夏世界。吴军长驱进入楚国的郢都，北上打败齐国，与晋国争当诸侯的盟主，一时所向无敌。谁知不久之后，吴为越灭，越王勾践又成为春秋战国之际最强大的霸主。吴都在江苏苏州，越都在浙江绍兴，所以如今苏州市有吴中区（旧吴县），绍兴市有越城区（秦代还有过“大越县”），便是由春秋时期的吴、越国名而来。

按照史籍上的说法，“吴为周后”，越则是大禹后裔，其王族的出身都很“高贵”。可是纵观旧属吴越的江浙一带地图，其中颇有些命名方式相似却又难以理解的地名。比如浙江省有余姚市（今属宁波市）、余杭区（今属杭州市），距离不算太远的赣东北则有余干县（今属上饶市）。这些地名里的“余”显然与古汉语里的含义（“我”）没有关系。《汉书·地理志》记载，“自交趾至会稽七八千里，百越杂处，各有种姓。”这就是说，在先秦时期，江浙一带是百越人的聚居地。颜师古注《汉书·地理志》时说：“句，音钩。夷俗语之发声也，亦犹越为于越也。”所以，在地名中出现的“余”以往也被认为是百越语言里无意义的发语词。不过，根据当代语言学家郑张尚芳（1933—2018）的研究，古代的百越语言与现代的壮侗民族语言有亲缘关系，“余”在古代百越语里是“田、地”的意思。以此可以推断，“余姚”指的是姚姓氏族居住地，“余干”的意思是“干越人的田地”，而不少“码农”心中的圣地，阿里巴巴集团所在的余杭，在古代百越语里的含义是“搁置舟航之地（登岸码头）”。

相比之下，有关无锡（现属江苏省）名称来历的争议更大。流传最广的一种说法来自冯梦龙的《东周列国志》。里面说道，战国末年，秦国派大将王翦攻楚。王翦率军驻扎在锡山。军士埋锅造饭时发掘出一块石碑，上面写有“有锡兵，天下争。无锡宁，天下清”。据说锡山此前盛产锡矿，故为兵家必争之地，王翦因此断言，见此碑天下可太平。于是，“无锡”的地名便这样诞生了。

不过，《东周列国志》只是一本历史小说，其中颇多无稽之言而不能尽信。关于无锡得名的由来，书中说法最明显的一个破绽就是时间。无锡县最早设立于汉高祖五年（前 202 年）。若是此地名根据“无锡宁，天下清”的说法而来，王莽篡汉（9 年）时何必将“无锡”县改为“有锡”县？莫非是这位新朝皇帝嫌自己的江山太过稳固，需要来个“有锡兵，天下争”不成？

其实，从吴、越历代君主里也可以看到“无余”“无颛”“无疆”这样的名字。这些“无”显然与“无锡”同属古代百越语词。《汉书·地理志》记载：“无锡，有历山，春申君岁祠以牛。”按照郑张尚芳的解释，“锡山”就是“历山”的一音之传，而“无”在百越语里是“神巫”的意思。因此“无锡”这个地名的出处就是“历山之巫”。不过此说终是一家之言，“无锡”究竟是什么意思，迄今仍是悬案一桩。

西域探源

列国纷争的时代随着战国时期的结束告终。而秦汉时代的大一统王朝在地理上又有显著扩大。汉军北击匈奴，进而“凿空”西域，将

敦煌月牙泉。敦煌郡设于元鼎六年。关于这个名字，汉末应劭认为：“敦，大也；煌，盛也。”“敦煌”一名取的是“盛大辉煌”之意。也有人认为敦煌应为当地土著居民语言的汉语音译，众说纷纭。

其收入中原政权版图。因此，在史书记载里，人们可以看到许多前所未见的地名。

比如，因莫高窟闻名四海的“敦煌”就是其中之一。元狩二年（前 121 年），骠骑将军霍去病发动了春、夏两次对匈奴的河西战役，大胜而回。汉朝完全控制了河西走廊，隔断了匈奴与羌人的联系。匈奴人为之哀叹：“失我焉支山，令我妇女无颜色，失我祁连山，使我六畜不蕃息。”（《匈奴歌》）适逢关东大水，汉武帝将 72 万多灾民迁至西北边疆和河西走廊，并陆续设置了酒泉、武威、张掖、敦煌四郡。

其中的敦煌郡设于元鼎六年（前 111 年）。关于这个名字，汉末的应劭在给《汉书》作注时认为：“敦，大也；煌，盛也。”“敦煌”一名取的是“盛大辉煌”之意。从字面上看，这样理解并没有什么问题。问题在于，当时的敦煌并无盛大的事物，而且此前的土著居民也不通汉文，若用汉字来解释敦煌的地名，难免有“望文生义”之嫌。后来人们又发现，《山海经》里记载有“敦薨”，即是敦煌最早的称呼。因此看来，“敦薨”或“敦煌”，应为当地土著居民语言的汉语音译，至于他们是哪个民族，意见也不一致。学者姚大力提出，“敦煌”一词是对东伊朗语言的音译，意为“受安全保卫（的城池）”，可备一说。

河西四郡的建立，为汉朝打开了西域的大门。神爵二年（前 60 年），西汉朝廷在乌垒城设立“西域都护府”，正式在西域设官、驻军、推行政令。这就是《汉书·郑吉传》所称的“汉之号令班西域矣！”西域从此成为中国领土不可分割的一部分。

汉代的乌垒城坐落在今天的轮台县（今属巴音郭楞蒙古自治州）。“轮台”可以说是史籍所载新疆最古老的一个地名。《史记·大宛列传》与《汉书·李广利传》都出现了这个地方，只不过前者写作“仑头”，后者写作“轮台”。据此可以推断，这也是一个来自当地土著民族语言的音译词。

实际上，早在西汉张骞出使西域之前，今天的新疆地区就已成为东西方民族频繁迁徙活动的区域。早在距今4000至3000年前就有印欧人种、蒙古人种，以及他们的混合型人种的族群自西向东或自东向西迁徙，分布在天山南北和罗布泊地区。古代史书就记载：“高昌以西诸国人等皆深目高鼻”，因此新疆也被形象地称为“人种博物馆”。有学者同样从属于东伊朗语的塞语里考证，“轮台”的本意，乃是“柳树林”——一种在西域绿洲常见的景观。

塞语是塞种人的语言。这是一个起源自伊朗高原的斯基泰人部落。因古代波斯阿契美尼德王朝时代留下的贝希斯敦铭文中称他们为塞迦（Seka）而得名。《汉书·西域传》说，塞种人原本占据着今天的伊犁河流域一带，后来因为被大月氏击败，塞种人被迫南下迁移散居。据此来看，汉代西域“三十六国”里的一些国名，很可能也与塞语或当时存在的其他古代印欧语言有关，其中有一些一直流传至今，譬如莎车（今属喀什地区）与龟兹（今库车，属阿克苏地区）。

据《汉书》记载，莎车“户二千三百三十九，口万六千三百七十三，胜兵三千四十九人”，以此看来，谈不上是什么强国。因此，三国时代史书《魏略》记载，莎车国已被疏勒国吞并。在清代以前的很长时间，这里被称为叶尔羌。《西域同文志》解释“回语（此处应指维吾尔语），叶尔，谓地；羌，宽广之意。地宽广，故名。”晚清时期新疆建省，天山南北遍设州县，于是启用古名，称莎车直隶州。这也成为莎车县名沿用之始。

至于龟兹，是西域“城郭诸国”的大国之一。东汉班超率 36 勇士再定西域时，就将治所设于龟兹。到了唐朝，管辖西域的安西都护府先在交河城（今吐鲁番高昌区）。显庆三年（658 年），其治所移至龟兹，龟兹仍为西域的政治、经济、文化中心，成为当时西域佛教文化最著名的地方。《晋书·四夷传》就记载：“龟兹国西去洛阳八千二百八十里，俗有城郭，其城三重，中有佛塔庙千所。”到了清朝统一新疆之后，于乾隆二十三年（1758 年）在此设库车办事大臣。光绪九年（1883 年），又设库车直隶厅。

“龟兹”是怎么变成“库车”的呢？其实，这只是不同时期的汉字翻译差异而已。比如，唐玄奘到印度取经时途经此处，他在《大唐西域记》里就说，“屈支”旧写“屈兹”，“又音丘慈”。很容易看出，这些汉字写法的读音跟“龟兹”与“库车”都有相似之处。元代时已经将此地的汉字写成“苦叉”，跟“库车”就更接近了。

遗憾的是，这些出自古印欧语的地名由于历史久远，今人已不详其语义。虽有多种解释，却鲜有可靠的依据。比如中国最西端的城市喀什（汉代属于疏勒国）原叫“喀什噶尔”，也被认为存在古代印欧

滇王之印（金印），西汉，高 1.8 厘米，边长 2.3 厘米，重 89.5 克，1956 年云南晋宁县（现晋宁区）石寨山滇王墓（六号墓）出土，现藏中国国家博物馆。公元前 109 年，汉武帝出兵征讨云南，滇王拱手降汉，武帝赐滇王金印。云南境内因有滇池，战国时为滇国，因而简称“滇”。

语的词源，但其含义有“各色砖房”“玉石集中之地”“初建”等多种说法。众说纷纭，莫衷一是。

夜郎之外

在开拓西域的同时，西汉王朝还在对“西南夷”展开经营。所谓“西南夷”，是指今四川西部和西南部，甘肃南部、贵州西部、云南和今国境外相邻地区的各个部族。西汉初，汉朝的行政机构虽然已撤退到四川盆地内的蜀郡和巴郡，但民间与西南夷地区的往来并没有断绝，一些巴蜀商人还因与这些民族的贸易而致富。武帝年间，从建元六年（前 135 年）唐蒙出使夜郎算起，经司马相如、公孙弘和王然于等汉朝名臣先后抚定西南夷，至元封二年（前 109 年），汉武帝下令征发巴蜀兵士先进击与滇国相邻的劳浸、靡莫等地区，接着“以兵临滇”，滇王这才归附，“举国降，请置吏入朝”，同时设置益州郡，“赐滇王王印，复长其民”。由此，汉王朝经过 26 年的经营，在此地共设立 7 个“初郡”，将西南夷大部分地区都纳入全国统一的郡县体制中。

在归附汉朝的西南夷之中，只有两个部族领袖拿到了汉廷赐下的“王印”。一个是最晚归附的滇王，另一个就是夜郎王。按照司马迁的说法，这是因为“西南夷君长以什数，夜郎最大”（《史记·西南夷列传》），当时的夜郎已“耕田，有邑聚”，战时可得“精兵”十余万，汉朝使臣出使夜郎时，夜郎国君问汉朝使臣：是汉朝大还是夜郎大（“汉孰与我大”）。这就是“夜郎自大”这一成语典故的由来。

妙湛寺双塔，位于昆明官渡古镇，始建于元代，2002年重建。官渡是滇文化的发祥地之一。“昆明”一名也不是因其阳光充足、“与日月比明”得名，而是来自当时活跃在滇西地区的同名部族。

《汉书》记载，夜郎王兴在汉成帝河平二年（前 27 年）时举兵反汉，汉朝派兵诛灭，夜郎国亡，改设郡县。由于夜郎国在当时有一定的影响，以后的郡县也多有沿用其名，比如两晋南北朝时有夜郎郡，唐宋时有夜郎县。可惜这样一个颇有“知名度”的地名如今没有保留下来，可谓憾事。

但“西南夷”里还是有部族的名字保留在了今天的地名里——比如云南省省会昆明。“昆明”二字是常见的汉字，所以有人按照字面意思来解释，说“昆”为“日”加“比”，“明”从“日”和“月”，意为“与日月比明”，还说这是由于昆明市阳光充足而得名。这显然是后世望文生义的牵强附会。因为昆明在史籍里最早出现的地方，正是《史记·西南夷列传》。太史公明明白白地写道：“自同师（今怒江以东的保山等地）以东，北至叶榆（今大理一带），名为巂、昆明，皆编发，随畜迁徙，毋常处，毋君长，地方可数千里。”

据此看来，昆明应该是当时活跃在滇西地区的一个部族的名称。东晋时期的《华阳国志》记载：“夷人大种曰昆，小种曰叟。”或许昆明这个部族有人口众多的意味在内。大概也是因为昆明是个强部，故当他们由游牧逐渐定居之后，随着时间的推移，人们便自然而然地将其部落的称号用以称呼地名了。蒙古汗国统治云南时，在原大理政权的鄯阐府设“昆明千户所”，“昆明”首次作为地名出现，并延续至今。顺便说一句，“大理”原是白族首领段思平在 937 年建立的地方政权名称。其都城叫作羊苴咩城，后来也改叫大理（城）。1253 年，忽必烈率兵征伐，“革囊渡（金沙）江”，轻易灭亡大理政权，并同

大理古城五华楼。五华楼最早修建于唐代，是南诏王在其都城羊苴咩城宴请贵宾之地，后几经焚毁、重建。当时此地还不叫“大理”，这一地名源自白族首领段思平937年于羊苴咩城建立的地方政权“大理”。

时设立大理路及太和县，隶属于云南行省。从这以后，大理就特指如今的云南省大理白族自治州及其首府大理市了。

尽管汉晋之后，史籍上已不见“西南夷”的说法，但除了昆明之外，云南省还是有一些地名与历史上的古代部族名称有关。比如昆明市下辖的嵩明县，《元史》认为是“乌蛮车氏所筑，白蛮名为嵩明”。“嵩明”明显是一个少数民族的部号。而在红河哈尼族彝族自治州有个弥勒县，乍一看，这个县名或许与弥勒佛有关，其实不然。同样在《元史》中有记载：“昔些莫徒蛮之裔弥勒得郭甸、巴甸、部笼而居之，故名其部曰弥勒。”显然，弥勒是个古代部族名称，而弥勒县也因弥勒部而得名。

另外，云南省的普洱市原来叫作思茅市。“思茅”与“普洱”这两个地名，实在是有着剪不断理还乱的关系。“思茅”作为地名，也与古代部族有关。思茅地处横断山脉南段滇西南哀牢山区，“古西南夷地也”。元朝统治时期，割取“阿僰诸部蛮”12 个部落之地在这里设立了“元江路”，其中就有一个“思么”部。元明时期，还写作“思麻”和“思毛”，显然都是不同的音译。直到明末清初，“思茅”成为村、寨的名称之后，“思么”之类的写法才统一为“思茅”。清代在这里设思茅厅，民国建立后改为思茅县。1958 年，思茅县一度并入邻县普洱。1981 年，又从普洱县分出。2003 年，成立地级思茅市，原来的县级思茅市改为翠云区，另外辖有普洱哈尼族彝族自治县。到了 2007 年地级市改名普洱市后，一方面，普洱哈尼族彝族自治县改名为宁洱哈尼族彝族自治县；另一方面，翠云区则改名为思茅区，仍旧延续了“思茅”这个古老的地名。

四方古国

实际上，西域与“西南夷”只能算是古代部落地名比较集中的地方，类似渊源的地名在其他地方也能寻到踪迹。

比如吉林省有个扶余市（今属松原市），用的就是一个东北古代政权的名称。扶余起源于松花江流域，其强盛之时，“方圆约两千里”，今天的扶余市自然也在其中。它与中原王朝的交往十分密切。从东汉光武帝建武二十五年（49 年）起，扶余王就派遣使臣来朝。《后汉书 · 东夷列传》记载了之后扶余屡次来朝贡的史事。另外，扶余国王死时埋葬所用玉匣，也必须出自汉朝廷，而此物在扶余王生时，就预存在汉朝玄菟郡太守之所。待国王死时，径自玄菟太守处迎取玉匣，以资埋葬。比如，三国年间，割据辽东的公孙渊兵败被杀时，在玄菟郡的库内，尚存有玉匣一具。由此可见，扶余是一个恭顺朝廷的“藩属”。

与此情况相类的还有浙江省温州市的瓯海区。此地原来是温州市的郊区，20 世纪八九十年代，先析出而置瓯海县，后来又撤县设区。追根溯源，便来自汉代在此建立的东瓯国。

东瓯国的来历，与春秋战国时期的越国有关。战国中期，楚军攻杀越王无疆。越国瓦解，其王室诸族及其后代分散在东海沿岸，或称王、或称君。在秦汉之际的混乱中，一个名叫“摇”的君长参加反秦战争，在汉惠帝三年（前 192 年）获封为“东海王”，因其定都东瓯，又俗称“东瓯王”。

当时的东瓯城究竟坐落在什么地方，还是个没有解决的问题。从唐朝司马贞《史记索隐》引《永嘉记》的记述看，东瓯王都城似在瓯江北岸、楠溪江下游一带。不过，近年也有人根据考古发现，认为东瓯王都城在今温岭市（属台州市）大溪镇。无论如何，其地总不出今浙江东南部的温州、台州一带。所以日后“瓯”也成了温州的别称。

到了公元前 138 年，另一个地方政权闽越（今福建一带）发兵攻打东瓯。东瓯王抵挡不住，派遣使者到汉廷求救。汉武帝召集大臣商议。中大夫庄助说，秦朝放弃，汉朝却不能放弃。秦朝连咸阳都放弃了，何况东瓯？现在小国有难，向朝廷求救，如果不救，东瓯还有什么依靠？又怎么能对得起那里的老百姓？于是武帝发会稽郡（今江苏苏州）兵救之。闽越王闻讯，即刻罢兵回归。东瓯王害怕闽越再来进犯，请求汉朝允许他们内迁。武帝表示同意，于是东瓯王率部族 4 万余人全部迁到江淮一带，东瓯全土也归入汉王朝直接管辖，今浙江境域从此也全部成为汉朝疆域，是为西汉建立以来，版图初次扩大。不过“东瓯”之“瓯”在正式地名里长期只用于“瓯江”，真正变成行政区划名称倒是很晚的事情。

这种“旧名新用”的情况其实也不少见。比如 1971 年 5 月娄烦建县（今属山西太原）时，距离此地在明初撤县为镇已经过去 6 个世纪了。

其实，娄烦的历史很悠久，隋唐王朝都曾在这里置楼烦监，是当时重要的养马场。再往前看，在先秦时期就已经出现“娄（楼）烦”这个名称。只不过，一开始它不是地名，而是古代部族的名号。它是“戎人”的一支，活跃在山西北部与河套地区一带。由于地处农牧结合地带，娄烦人“强悍习骑射”，对华夏诸国的威胁很大。古代的中原人只用马拉车，却不晓得骑马。大概在春秋末年，人们才开始有骑马的习惯，因为骑马代步同骑马冲锋打仗，毕竟是两回事。后来华夏人逐渐知道骑兵的机动性和冲击力都很强，那么，能不能学游牧人的样子，建立骑兵制呢？要骑马，就要有适于骑马的服装，改变中原人的“衣冠”，改穿胡人的服装——这就是著名的赵武灵王“胡服骑射”。通过这次改革，赵军变成了战斗力极强的军队。赵武灵王用这支军队，攻灭中山，又逐走林胡与娄烦。赵国将其占领的娄烦领土归入雁门郡，也将“娄烦”作为地名保留了下来。

相比娄（楼）烦，西夏国（自称“夏”，史称“西夏”）在历史上的名气无疑要大得多。西夏是以党项族为主体建立的政权，占据黄河中上游一带。自从1038年正式立国后，西夏政权就相继得到了宋、辽双方的正式承认。尽管西夏在形式上仍需要向宋、辽（后来的金）两朝称臣纳贡，但在事实上已经取得了与宋、辽三足鼎立的地位，宋神宗曾感叹：“夏国自祖宗以来，为西方巨患，历八十年。”13世纪初蒙古崛起后，连番攻打西夏，经过20多年的苦战终于将其灭亡（1227年）。蒙古汗国先在西夏故地设置“西夏中兴行省”，后来又降为宁夏府路。谁知“西夏”之名，竟从此弃用。直到2002年，宁夏回族自治区首府银川市的一个市辖区以境内有西夏王陵而改名曰

“西夏区”，也让“西夏”这个在史书中尘封已久的名称重新出现在地图之上。

草原盟旗

而在与宁夏回族自治区接壤的内蒙古自治区，当地行政区划里有一个很容易察觉的特点，在市（地区）与县之外，还有与之平级的“盟”“旗”的存在。之所以会有这两个行政区名称，与蒙古民族历史上的部落有关。

成吉思汗建立蒙古汗国（1206 年）后，草原上的游牧部落一度被整合成 95 个千户。可是随着 100 多年后元朝在中原统治的瓦解，蒙古人从农耕区退回到草原，重新开始了粗放的畜牧经营，诸部之间的经济联系大大削弱。这种经济状态反映到政治上就是各部落领主的分离倾向越来越强，以至于大汗权威有名无实，草原重又进入乱世。直到 15 世纪后期的达延汗统治时期才一度扭转这种局面。

经过几次武力征讨，异姓领主（“赛特”“大臣”之意）专权的局面也不复存在。大汗终于再度成为草原的真正主宰。在蒙古草原所有不安定因素全部解除之后，达延汗开始推行他一生中对后世影响最为深远的举措——分封诸子。他剥夺了许多异姓领主的领地和属民，将其转交给自己的子孙。过去支离破裂的小块领地被合并为 6 个万户，又依照草原人民的习惯，以面向中原的南方为准，分左右两翼。“左翼”由大汗直接统辖，又分为汗廷所在的察哈尔万户、兀良哈万户、喀尔喀万户。“右翼”则由济农（副汗）代表大汗行使管辖权，包括鄂尔多斯万户、蒙郭勒津万户（后称土默特）、永谢布万户。

直到今天，在内蒙古行政区域图上，仍然依稀能够看到这次达延汗分封的痕迹。乌兰察布市下设察哈尔右翼前旗、察哈尔右翼中旗、察哈尔右翼后旗，三者都来自旧时的“察哈尔万户”。而分属呼和浩特市与包头市的土默特左、右旗，也都来源于“土默特万户”。更不用说，鄂尔多斯市的名字与昔日的“鄂尔多斯万户”称得上是一脉相承。

可惜达延汗的“中兴”不过是昙花一现。不过一个世纪，蒙古各部重又陷入四分五裂、大汗政令不出察哈尔万户的地步了。后金兴起后，末代蒙古大汗林丹汗败死，元朝留下的传国玉玺也落到爱新觉罗家族手中。1636 年，蒙古十六部 49 名王公同满汉臣僚一道大会盛京（今辽宁沈阳），共同拥戴皇太极为大清皇帝。此时，漠南的大部分地区已经归入清朝版图。

众所周知，清（后金）的基本社会制度是八旗制度。八旗是集生产、行政、军事为一体的基本社会组织。随着清朝对漠南的统一，八旗制度也扩展到蒙古地区。从皇太极时代开始，清朝统治者依照八旗的形式，陆续将蒙古原有部落编为“旗”，分配编户，并指定牧地，划设旗界。编旗过程从天聪八年（1634 年）开始，直到康熙九年（1670 年）才基本结束，内蒙古地区共设 49 旗，其中很多名称一直沿用至今。譬如，“正宗的”满洲八旗以颜色区分，而在锡林郭勒盟里也可以看到与之类似的镶黄旗、正镶白旗、正蓝旗这样的地名。值得一提的是，中国蒙古语的标准音，正是取自其中的正蓝旗。

锡林郭勒草原，位于内蒙古自治区东中部锡林郭勒盟境内。在今天内蒙古自治区的行政区划里，还可以看到三个盟：锡林郭勒盟、阿拉善盟、兴安盟。康熙年间，苏尼特右翼旗等十旗会盟于锡林郭勒河北岸的楚古兰敖包，“锡林郭勒盟”便得名于此。

在清代，“旗”既是蒙古族地区的行政机构，同时也是军事组织。按照清政府规定，蒙古族壮丁，“每三丁供一骁骑（马甲），遇有征战，以二丁遣战，一丁留家”。每旗设札萨克（即旗长）等官员管理，数旗合为一盟，设盟长和副盟长。盟长从本盟内札萨克中选任。在清代前期，盟长是会盟的召集人和主持者，但他不能干预各旗内部事务，直到晚清年间，盟才发展为蒙古族地区行政组织制度。

在今天内蒙古自治区的行政区划里，还可以看到三个盟：锡林郭勒盟、阿拉善盟、兴安盟。另外，乌兰察布市的名称，也源于清代的乌兰察布盟。康熙年间，苏尼特右翼旗等十旗会盟于锡林郭勒河北岸的楚古兰敖包，“锡林郭勒盟”便得名于此。同样是在康熙时期，乌喇特部前、中、后三公旗等 6 个旗在今天的四子王旗境内会盟，因其地有河名“乌兰察布”，遂称为“乌兰察布盟”。

相比这两个历史悠久的盟，“兴安盟”与“阿拉善盟”都是清代尚无的后起地名。民国之后，盟、旗中源于八旗制度的军事、政治色彩趋于淡化乃至最后消失，两者最终都作为蒙古族地区特有的行政区划名称存在。兴安盟原是清代哲里木盟的辖地，20 世纪 30 年代分设之后归属不定，直到 1980 年，才正式确立了兴安盟建制。因其位于大兴安岭南麓，故而得名。至于地处内蒙古最西部的“阿拉善盟”，在清代原称“西套蒙古（因在河套地区以西得名）”。当地蒙古族的来源也与漠南蒙古有异。清代初年，原在今新疆北部一带游牧的一部分厄鲁特（漠西蒙古）和硕特部内属，康熙皇帝赐予其宁夏边外地游牧，遂置阿拉善厄鲁特旗。到乾隆年间，厄鲁特土尔扈特部从伏尔加河下游一带万里东归，其中的一支最后也定居在河套以西，置为额济纳土尔扈特旗。这两个旗各自为政，并不设盟长。如今的“阿拉善盟”是在 1979 年才成立的，可以说，它只是套用了蒙古族地区用“盟”命名的惯例而已。

纵观清代蒙古各部陆续编设“盟”“旗”直至变成行政区划名称的历程，实为一个缩影。从中也可以看到，历史上那些古老的侯国、部族，是如何融入中国这个多民族统一的国家的。

文 / 郭晔旻

四海一家

地名中的民族历史印记

中华民族是一个由56个民族组成的共同体，在960万平方千米的广袤大地上，也有不少少数民族创造的地名。与汉民族创造的地名一样，这些非汉语来源的地名同样承载着丰厚的历史积淀，成为留存至今的宝贵文化财富。

望文不得生义

在中国地图上，所有的地名都用国家通用文字——汉字来记录。源自少数民族语言的地名，也已用约定俗成的汉字完成了对译。由于汉字的“掩盖”，一些地名的原语痕迹变得隐蔽深沉、漫漶难辨，从字面上很难看出原本的含义。比如云南有个德宏傣族景颇族自治州。光看“德宏”这个地名，很容易联想到“道德宏大”之类的含义，但这是个误会。“德宏”并非源自汉语，而是傣族同胞对当地的称呼。

在傣语里，江河的下游叫作“德”，怒江称为“宏”，这两个字合在一起，意思就是“怒江下游的地方”。无独有偶，云南还有个因为盛产上等茶叶而知名度很高的“普洱”市。当地人口超过一半是哈尼族、彝族等少数民族。有种说法就认为，“普洱”是个来自哈尼语的地名。因为在哈尼语里，“普”为寨，“洱”为水湾，连在一起的“普洱”就是“水湾寨”的意思。

比起“德宏”与“普洱”，“呼图壁”这个地名看上去显得更为独特一些，更无法“望文生义”（显然不会是什么“墙壁”）。此地是新疆维吾尔自治区昌吉回族自治州所辖的一个县。这地方虽然建县时间不长（1918 年从昌吉县析置），但早在清代就已设有乌鲁木齐巡检所。乾隆年间的才子纪晓岚（1724—1805）曾经获罪发配新疆三年，因此他也知道呼图壁，还在《阅微草堂笔记》里记载了一个商人在此夜行遇鬼的故事。按照纪晓岚在书里的说法，“呼图译言鬼，呼图壁译言有鬼也”。有鬼的地方闹鬼，自然再正常不过。

既然纪大烟袋已经明确提到了“译言”，呼图壁自然就不会是一个汉语地名了。新疆是个多民族地区，除了使用汉语的汉族与回族之外，人口比较多的民族还有维吾尔族、哈萨克族。但呼图壁并非来自维吾尔语或者哈萨克语，而是锡伯语（与满语关系极近）。在锡伯语里，“呼图”是“鬼”，“壁”的意思是“有”，合在一起正是“有鬼的地方”，与纪晓岚的说法一致。

其实，锡伯人的故乡在东北，为什么远在万里之外的呼图壁会是一个锡伯语地名呢？这与清代历史上的一段往事有关。乾隆二十四年（1759 年），清军平定大小和卓之乱，统一天山南北。新疆地域广阔，清军兵力颇有不敷边防之虞，因此需要增兵守边。而锡伯人当时“未甚弃旧习，狩猎为生”，因此精于“骑射”，战斗力很强，清廷正是看中了这一点。1764 年，乾隆帝决定从驻扎在东北的锡伯兵之内，“拣其精壮能牧者一千名，酌派官员，携眷遣往”新疆驻防。东北到新疆距离遥远，这些锡伯人一走就是一年。当他们走到乌鲁木齐西面远处荒郊野外驻扎时，恰好刮起旋风，坟地里的小动物闹出声音，搞得锡伯营的官兵及家属一晚上睡不着觉。气急之下，他们认为此地不得久留，乃是“鬼（呼图）有（壁）”的地方。后来锡伯人继续向西前行，“呼图壁”这个地名却一直流传了下来。

这些戍边的锡伯人最后到达的地方，是察布查尔，现在这里是全国唯一一个锡伯自治县。不过，在清廷决策里，原本也考虑过将锡伯营驻扎在与之不远的另一个地方，也就是今天新疆的塔城（与察布查尔同属伊犁哈萨克自治州）。

“塔城”这个地名，听上去“汉”味十足。是不是如同济南的别称（泉城）一样是以当地某座宝塔得名的呢？其实并非如此。“塔城”是个“省称”，其完整叫法是“塔尔巴哈台”，这是一个蒙古语词汇，意思是“旱獭”。这种动物是松鼠的近亲，个头比老鼠大二三倍，喜欢生活在山地草原。从地形上看，塔城之南为巴尔鲁克山，北为塔尔巴哈台山，东为额敏山，西为巴克图山。按照清代《钦定西域同文志》里的说法，就是因为当地山峦连绵，山中旱獭多，“其地多獭，故名”。

塔城是新疆的西北门户，也是伊宁和乌鲁木齐两大重镇的屏藩，位置十分险要。因此，乾隆年间，清廷先是设置了“塔尔巴哈台参赞大臣”，又以当地田地膏腴，水源充足，筑起一座“绥靖城”，移塔尔巴哈台参赞大臣驻此。因此“绥靖城”后来也被叫作“塔尔巴哈台城”。这个名字太长，读写都不方便，所以也简称“塔城”。民国以后，塔城进一步成了正式名称，彻底取代了原有的“塔尔巴哈台”。

值得一提的是，类似的“省称”在边疆地区的地名里并不算罕见。比如我国仅有的一个与省同名的城市，吉林省吉林市，其名字的来源与任何一片森“林”都没有关系，而是来自满语。历史上的满族兴起于白山黑水之间。康熙十二年（1673 年），当时的宁古塔副都统奉旨在松花江畔筑城，城名在满语里叫作“吉林乌拉”。这是个合成词，“吉林（girin）”意为“沿着”，“乌拉（ula）”指的是“大江”，因此“吉林乌拉”就是“沿江”的意思。后来人们也嫌这个名称太长，只截取前半部分。于是“通称吉林”“从汉之讹，省文也”。到了今天，“吉林”的原义倒是早已湮没无闻。

浓郁的民族风

相比之下，另外一些源自少数民族语言的地名，即使写成了汉字，仍旧蕴含着浓郁的民族风格，可以让人一望即知。在这方面，藏族聚居区的地名尤其典型。

藏语把“水”称为“曲”，也用来指“江、河”。所以藏语地名中称呼长江为“直曲”，意为“母牦牛河”，这是用来形容长江源头如同母牦牛鼻孔中流出的两股泉水。顺便说一句，上古时期的华夏人也称河流为“水”（江水、河水、汉水、淮水）。这无疑体现了汉藏民族之间悠久而又紧密的历史联系。如今西藏自治区的那曲市（中国陆地面积最大的地级市）就因流经境内的那曲（怒江上游）而得名。在藏语里，“那”是“黑”的意思，“那曲”有黑色河流之意。类似的还有甘肃的玛曲县——黄河、碌曲县——洮水、舟曲县——白龙江。

藏族聚居区的地名里另一个具有特色的名称是“隅”（地方）。今天的西藏东南沿喜马拉雅山麓一带，从西往东称为“门隅”“珞隅”。“门”在藏语中指“低热多树的河谷”，“珞”在藏语中有“南方”的意思。因此也就有了“低热多树的河谷地方（门隅）”与“南方地方（珞隅）”这样的地名。

与其类似的情况也出现在西南边陲。在同属壮侗语族的壮、傣、布依等民族语言里，“水田”往往被叫作“那”。所以在这些民族聚居的地方，有许多冠以“那”字的地名，“那波”即“有泉的田”；“那板”为“村寨的田”；“那隆”则是“大块的田”……虽然其中大多数都是世代相传的村镇地名，但也有一个县名，这就是广西壮族自治区的那坡县（属百色市）。“那坡”在壮语里的意思，就是“肥沃的水田”。

由于汉语有同音不同字的情况，有些地名里，“那”也写作“纳”。云南的“西双版纳”就是其中最出名的一个。傣语里的“西双版纳”，直译过来就是“十二千块稻田”的意思。明朝中期，当地的傣族首领将辖地合并成为 12 个“版纳（千田，一个征收赋役的单

圣象天门，位于西藏那曲班戈县境内，与念青唐古拉雪山、纳木错湖构成鬼斧神工的高原奇幻景观。作为中国陆地面积最大的地级市，那曲因流经境内的那曲（怒江上游）而得名。在藏语里，“那”是“黑”的意思，“那曲”即黑色河流。

位）”，是为景洪、勐遮、勐混、勐海、景洛、勐腊、勐很、勐拉、勐捧、勐乌、景董与勐龙。这里面频繁出现的词头“勐”也是个傣族特色地名用词。它在傣语中原来指“坝子”（山间盆地），后来引申为“城镇、地方”之义。如今的西双版纳傣族自治州尚下辖勐海、勐腊两县。“勐海”指的是“英雄居住的地方”，“勐腊”的意思则是“献茶之地”。

在北方的内蒙古，一个富有蒙古族特色的地名则是“浩特”。在历史上，蒙古族原本是个典型的“逐水草而居”的游牧民族，居无定处，按季节迁徙。从明朝后期开始，漠南一些地方的蒙古族开始经营农业，随之转入定居生活。这样一来，蒙古包开始固定，后来又开始建筑土木结构的房舍。房子一多也就出现了“浩特”，即众多人口居住的“城镇”。在今天的内蒙古自治区内，锡林浩特（锡林郭勒盟首府）在蒙古语里的意思是“高原之城”，同属锡林郭勒盟的二连浩特是“海市蜃楼之城”的意思。兴安盟的首府乌兰浩特是“红色之城”，而自治区首府呼和浩特的意思则与之相对，意为“青色之城”（因城区北依大青山而得名）。

相比其他的“浩特”，呼和浩特这座“青城”的形成颇为特殊——它是明蒙友好的直接见证。隆庆五年（1571 年），明廷册封鞑靼土默特部首领阿勒坦汗为“顺义王”，在长城沿线先后开放了数十处马市、民市、月市。鞑靼部落“以金银、牛马、皮张、马尾”，交换各镇商贩的“段绢、布匹、锅釜等”生活日用品。阿勒坦汗为此号令部众，“我虏地新生孩子长成大汉，马驹长成大马，永不犯中国（指明朝）”（《三云筹俎考·封贡考》）。此后 60 多年里，土默特部一直与明廷友好通使往来。一时间，“边民垦田塞中，夷众牧马塞外”，双方共享“和平红利”。正是在这一背景下，1572 年，阿勒坦汗下令筑起了“库库和屯”（即呼和浩特）城，从此土默特部从草原游牧过渡到了定居生活。

随着互市的开展，许多喀尔喀（漠北蒙古）乃至瓦剌（漠西蒙古）的领主也派遣大批商队以漠南各地领主的名义到马市、民市、月市进行贸易。1618 年，出使明朝的俄国使节佩特林在长城的一个关口就亲眼见到，“城门口熙熙攘攘，约有三千人；阿勒坦汗的人将货物运到这里来交易。他们也赶着马来关口……做生意”。坐拥地主之利的土默特方面当然舍不得错过商机，他们或者按市场马价抽分贸易税，或者将自己由市场上交换来的剩余物资高价出售，从中取利。阿勒坦汗廷所在的“库库和屯”，也因此迅速成为漠南蒙古手工业及商业中心。不过，“呼和浩特”这一地名的正式出现，则是晚近的事情了。民国时期，这里被称为“归绥市”。直到新中国成立后的 1954 年，当地才正式定名呼和浩特，并成为内蒙古自治区的首府。

文化的“活化石”

在非汉语来源的地名里，还有一种情况，即当地居民的族群构成虽已变化，但原有地名被新迁入的居民所接受和承袭，继续沿用下来，从而形成地名语言和后来居民族属背离的现象。从这个角度而言，作为一种文化现象的地名由于具有强烈的延续性和稳定性，因而呼和浩特景观图，近处为宝尔汗佛塔，远方为大青山。在蒙古语里，“浩特”指众多人口居住的城镇，而呼和浩特的意思则是“青色之城”，正是因城区北依大青山而得名。

能够比较完整地保留命名时所反映的文化内涵，堪称文化史上的“活化石”。

位于“天涯海角”的海南岛上就有这样的例子。如今海南岛上的主要少数民族是黎族。黎语把水田称作“什（ta）”，所以如今带有“什”字的海南村镇地名极多，比如保亭黎族苗族自治县就有个什玲镇。有趣的是，同是“水田”之义，海南岛上也有一些“那”字头的典型壮语地名，譬如儋州市政府驻地就是“那大镇”。然而，今天海南岛上的壮族人口所占比例极小，在儋州市通行的儋州话甚至接近粤方言。对此，一个合理解释或许是，原先海南岛上的这些地方先有壮族居住，后来壮族搬离，黎族和其他民族陆续迁入，但最早的壮语地名却被后来者延续了下来。

类似的情况在新疆似乎显得更为突出。作为一个多民族地区，新疆有不少地名甚至可以辨认出汉语之外的来源。比如，在维吾尔语和哈萨克语里，“克拉”是“黑”的意思，“玛依”指的是“油”，合在一起的“克拉玛依”就是“黑色的油”。此名与如今此地的“石油城”地位堪称浑然天成。而吐鲁番市下辖托克逊的县名，据说也是来自维吾尔语的“九十”一词。相传最初此地只有90户人家，故而得名。更有趣的是，阿克苏地区与克孜勒苏柯尔克孜自治州在南疆毗邻而居。在维吾尔语（和柯尔克孜语）里，“阿克”是“白”，“克孜勒”是“红”，而“苏”是“水”的意思，因此新疆的这两个地名，就可以分别理解成“白水”和“红水”之意了。

另外，就像前面提到的塔城（塔尔巴哈台）一样，新疆还有一些

新疆克拉玛依油田，在维吾尔语和哈萨克语里，“克拉”是“黑”的意思，“玛依”指的是“油”，合在一起的“克拉玛依”就是“黑色的油”。此名与如今此地的“石油城”地位堪称浑然天成。

地名来自蒙古语。比如，博尔塔拉蒙古自治州的州名就是蒙古语，意为“银灰色的草原”。相传有“湖怪”出没的喀纳斯湖地处阿勒泰地区的布尔津县，其湖名、县名也都源于蒙古语。“喀纳斯”在蒙古语里有“美丽富饶、神秘莫测”的含义，而蒙古语里的“布尔津”指的是“放牧公骆驼的人”。

甚至新疆维吾尔自治区的首府乌鲁木齐，其地名来源的一种流传比较广的说法也与蒙古语有关。陶葆廉（1862—1938）在《辛卯侍行记》里就说：“乌鲁木齐，蒙语，谓捕鹿围场，或云枢纽之处，或云宽大牧地。”纪晓岚曾在《乌鲁木齐杂诗》中（写于1769—1770年）写道：“山珍入馔只寻常，处处深林是猎场。”由此可见，直到那时，“乌鲁木齐”的自然环境与蒙古语的“宽大牧地”或“捕鹿围场”的含义还是相符的。

实际上，如今蒙古族人口在新疆总人口的比例里并不高（1%左右），新疆为什么会有这些蒙古语地名呢？这与历史上的民族迁徙、融合脱不开关系。大略而言，从1209年成吉思汗收降畏吾儿部算起，北疆地区就被纳入了蒙古汗国版图。即便在蒙古汗国分裂、瓦解后，瓦剌势力也长期控制着天山北路。准噶尔部（漠西蒙古的一支）崛起后，也以伊犁河谷一带为统治中心。今天的伊宁市（伊犁哈萨克自治州首府）在准噶尔部统治时期叫作“固尔扎”。它在蒙古语里的意思就是“盘羊”。此外，横亘在阿尔泰山与天山之间的中国第二大盆地也被称作准噶尔盆地，而“准噶尔”本身也是一个蒙古语词语，意为“左手，左翼”。

相比蒙古族，今天新疆人口最多的少数民族维吾尔族迁入北疆地区则是较晚的事情了。17 世纪晚期，准噶尔部出兵跨过天山，攻灭叶尔羌汗国，将南疆广大地区纳入统治，并强迫南疆各地务农的民众前往伊犁河谷开垦土地，种地纳租。这些人在蒙古语里被叫作“塔兰奇”，意思就是“耕地人”“种麦子的人”。清军平定准噶尔部与大小和卓之乱后，结束了新疆长期分裂割据的局面。为了促进新疆经济的发展，清廷非常重视农牧业生产，开展各种形式的屯田。1758 年，清定边将军成衮扎布从吐鲁番等地调维吾尔族官兵前往乌鲁木齐屯田。1760 年，阿克苏办事大臣阿桂（1717—1797）调任伊犁将军时又带去了阿克苏的维吾尔百姓 300 户，安置在伊犁河北岸一带，开渠屯田。到 1768 年，在伊犁地区屯田的维吾尔百姓已经超过 6300 户。民间传说为 8000 户，即所谓“伊犁八千”。随着时间的推移，生活在北疆的维吾尔族人口逐渐超过了蒙古族，但当地早先用蒙古语命名地名早已相沿成习。换言之，北疆历史上很长一段时间受到蒙古民族的影响，理所当然地在地名上留下了蒙古语的烙印。

“雅化”的历程

由于各少数民族语言的语音、语法、词汇都与汉语有着相当的差异，所以用汉字记录的民族语言地名基本上就是记其音而已。汉字的数量多达几万个，近似发音可选用的汉字自然很多。因此，有些汉字虽能完成“记录发音”的任务，本身的字面意思却不是很理想，于是就需要进行“雅化”。

宜兰平原，位于台湾省东北部宜兰县境内。宜兰原是高山族聚居区，其地名早时写成“噶玛兰”，由清季开发台湾的汉人从生活在当地的噶玛兰人名称音译而来，有“平原的人类”之意。后来清廷根据闽南方言的发音将“噶玛兰”雅化为“宜兰”，改噶玛兰厅为“宜兰县”。

具体而言，又有两种做法，其一是改音译为意译。“黑龙江”的名称由来就是如此。在满语里，黑龙江被称为“萨哈连乌拉”，也就是“黑（萨哈连）”“江（乌拉）”的意思。汉语里本来也有“黑水”的说法，但先取意译，再加上一个“龙”字，遂成“黑龙江”，可谓神来之笔。

而更多的时候，是改用发音接近又寓意美好的汉字。台湾省的地名里就有这样的情况。位于台湾省东北部的宜兰县原本是高山族聚居区，其地名早时写成“噶玛兰”或“蛤仔难”。这些名称都是清季开发台湾的汉人从生活在当地的噶玛兰人（Kebalan，高山族的一支）的名称音译而来，据说是“平原的人类”的意思。嘉庆十七年（1812年），福建省台湾府便据此增设“噶玛兰厅”。只不过，无论“噶玛兰”还是“蛤仔难”都显得难读难记，故而到 1875 年，清廷便改噶玛兰厅为“宜兰县”。“宜兰”两个汉字就是根据闽南方言的发音从“噶玛兰”雅化而来，与字义其实并无关系。

台湾省的另一个地名高雄市的“雅化”则显得非常特殊。高雄原先写作“打狗”，是根据当地高山族对“竹林”（takau）的称呼通过闽南方言音译而来。日本在 1895 年强占台湾之后，厌鄙“打狗”两字的字面意义不佳，于是以在日语里发音相同的汉字“高雄”（训读音：たかお，takao）取而代之。值得注意的是，日本京都神护寺的“山号”也正是“高雄山”。由于发音与出处都来自日本，在中国的城市名称里，日占时期的“高雄”，可以说是最具有殖民色彩的一个。第二次世界大战结束，台湾光复之后，国民党当局对一部分岛内地名进行了去殖民化，比如将日本人取的“新高山（因其比日本最高峰富士山还高）”改回原本的“玉山”。但可能是由于“打狗”两字终究不雅，“高雄”获得保留，但改回了汉语发音（现英语名称为“Kaohsiung”）。因此，如今的“高雄”地名，所体现的也只是汉字本身“高大健壮”之类的美好寓意了。

“雅化”的另一个手段，就是让原本看上去无意义的音译地名变得“有意义”。四川省甘孜藏族自治州首府康定市就是这一类的典型。

古代藏族先民将康定称为“打折多”，也就是“打曲”（雅拉河）和“折曲”（折多河）汇合处的意思。早先的“打折多”只是一块默默无闻的夏季游牧草场，宋朝以前几乎无人居住。只是到了川藏之间的茶马互市兴起之后，“打折多”成为南路边茶进藏的第一站，“凡藏番入贡及市茶者，皆取道焉”，于是“各业皆因茶而兴”。“打折多”也因此逐渐引起朝廷的关注，明代初期的汉文文献（《明实录》）中开始出现“打煎炉”的记载，这显然就是对藏语地名“打折多”的音讹附会。到了雍正年间，清廷又在此地实行改土归流，革除土司统治，设立“打箭炉”厅，“移雅州府同知治此，属雅州府”。

“打煎炉”是什么时候变成“打箭炉”的呢？清康熙十九年（1680年）刑部奏疏中有“打箭炉地方”的记载，说明至迟到此时已经改“煎”为“箭”。虽然《明史》里已经有了“打箭炉”的相关记载，但这部《二十四史》的收官之作要到乾隆四年（1739年）由张廷玉最后定稿，进呈刊刻才算完成。因此明代是不是已经出现了“打箭炉”这个地名，着实是要打个问号的。

“打箭炉”之于“打煎炉”，虽然只是一字之差，但经过“雅化”后的汉字，看起来就显得有意义多了——以至于可以“望文生义”出一个“造箭之场所”来。于是，清末成书的《打箭炉厅志》就说本地“相传汉武侯南征遣将郭达，安炉造箭之地”。这就把“打箭炉”的起源上溯到三国时期的蜀汉丞相诸葛亮南征孟获这一著名历史事件了。其实，孔明“五月渡泸”乃是取道宜宾渡大渡河南下，怎会选择一个既不在进军线上，又不是南征后方的荒野空谷“安炉打箭”呢？谁知这个无稽的说法传来传去，最后却连紫禁城里的康熙皇帝都被忽悠了，他在《圣祖仁皇帝御制泸定桥碑记》里写道：“打箭炉未详所始，蜀人传汉诸葛武乡侯亮铸军器于此，故名。”既然是“九五之尊”钦定了诸葛亮“安炉打箭”的真实性，此后清代文献自然也就相沿成习，越传越盛了。

这个“打箭炉厅”，在清末升格为“康定府”。“康定”之名由此而始，沿用至今。“康”即指康巴地区，“定”者意为该区平定、安定。但“打箭炉”这个“雅化”地名的残迹仍旧延续到了今天。康定市政府所在地至今仍被称为“炉城街道”。炉者，“打箭炉”也。

扑朔迷离的悬案

遗憾的是，并不是所有的中国地名都能找到明确的出处。比如广西壮族自治区的北海市明明坐落在南海之滨，何“北”之有？所以有人就从壮语里进行研究，认为其中的“北”字是粤方言对壮语“口”（pak）的对译，因此“北海”之意应为“海之出入口”。但也有研究者指出，北海半岛的最南端是冠头岭。以冠头岭为中心形成了南北对称的海域名，即南湾、北湾。因此，北海之“北”是以冠头岭为基准点的，是古代“北湾”的延续，北海村则因地濒此海域而得名，后来形成市埠后仍用此名。不同的说法各有各的道理，孰是孰非未有定论。

这样的情形并非孤例。内蒙古包头市历史悠久，战国建云中郡九原县，秦置九原部，汉置五原郡。相比之下，“包头”这个地名出现得很晚。清代康熙年间这里形成村落，取名包头村。1809 年改为包头镇，同治九年（1870 年）筑起包头城。进入民国之后又在 1926 年升为包头县。新中国成立后成为内蒙古自治区辖市。“包头”究竟是什么意思呢？说法不少，大略言之，一说源自蒙古语“包克图”，意为“有鹿的地方”。但也有人认为，包头是个汉语词，来源于汉语的“泊头”。19 世纪初期的包头紧靠黄河的水运码头，故而得名。另外也有意见主张，包头得名于附近一条小河名——博托河。在各种意见中，第一种说法流传最广，影响最大。当代历史学家翦伯赞在《内蒙访古》一文里就有“包头也是蒙语的音译，意思是有鹿的地方”的说法。1982 年 12 月 21 日，包头市政府也宣布，根据约定俗成的原则，决定包头地名源于“包克图”的谐音，即“有鹿的地方”。如此“约定俗成”的处理，也算是个好办法。

相比之下，黑龙江省省会哈尔滨的名称来源，就显得更加扑朔迷离了。说起来，这座“冰城”的历史甚短。直到 19 世纪末期，哈尔滨仍旧只是松花江畔的一个小渔村，区区几十户零落的人家，举目四

三鹿腾飞雕塑，是包头的地标性建筑。“包头”这个地名出现得很晚，清康熙年间这里形成村落，取名包头村，1926年升为包头县，新中国成立后成为内蒙古自治区辖市。普遍认为，包头源自蒙古语“包克图”，意为“有鹿的地方”。

望一片荒野。坐落在如今香坊区的“田家烧锅”，算是当年哈尔滨唯一的“大工业”了。以此为中心的最“繁华”的居民点，也不过22户人家。

这种情况一直持续到19世纪末期。通过不平等条约攫取到在中国东北修筑东清铁路（后名中东路、中长路）的沙皇俄国将铁路的管理中心选在了哈尔滨。敏锐的俄国人意识到，哈尔滨的地理位置正处于东清铁路的中心地带，同时也是东北北部平原的中心，具备成为大都市的交通条件。1898年6月9日（俄历5月28日），东清铁路建设局副总工程师依格纳齐乌斯率领建设人员到达此地，开始了最初的工程建设。后来，这天就被当成了现代哈尔滨诞生的日子——距今不过120多年。

然而，差不多从哈尔滨城市形成开始，关于其名称来源的争议就几乎没有停歇。由于是俄国人选中了这里，于是就有了“哈尔滨”来源于俄语“大坟墓”的说法。据说，1928年俄文版《商工指南》一书里第一次写道，“哈尔滨这几个中国字的大致含义是安乐的坟墓”。但这显然是无稽之谈，且不论俄语里并没有“Харбин”（哈尔滨）这样的词语，即便就感情习惯上讲，以坟墓这样不祥的名称为野心营殖的地方命名，也是殊乖事理的。因此，就连俄国人自己在1923年编印的《东省铁路沿革史》（俄文）里也提到，“这个新兴的城市保留了满洲的传统名称——哈尔滨，它无疑是满语的单词，词义在很古远的某个时候便被人们遗忘了”。

从逻辑上看，这比“俄语说”合理得多。满族是黑龙江省的世居民族，同省的另一座大城市齐齐哈尔就得名自满语（或达斡尔语）的“边境”“边城”之意。如此说来，“哈尔滨”在满语里究竟是什么意思呢？民国时期代理过黑龙江省省长的萨荫图在《哈尔滨一带全图》中提出：“谨按哈尔滨命名之义，一古昔晒网之乡也。”这就是说，“哈尔滨”在满语里有“晒网场”的意思。

随着时间的推移，又出现了不一样的说法。有人认为，哈尔滨乃是得名自满语里的“扁”（岛），又有人提出是蒙古语“平地”或“江边村”。从 20 世纪 80 年代开始，更有学者注意到了与满语有亲缘关系的一种“死语言”——金代的女真语（这是因为金代的第一个首都上京会宁府就坐落在今哈尔滨阿城区）。具体而言，又有两种说法，其一是“阿勒锦”说，这个词在女真语里的意思是“光荣或荣誉”。其二是“天鹅”说，按这种说法，明代成书的《女真译语》里有“哈儿温”一词，即“天鹅”的女真语发音。这种将地名“哈尔滨”与女真语“哈儿（尔）温”联系起来的说法出现虽晚，影响却很大。目前，哈尔滨市政府就采纳了这种说法，在官方网站上写道，“‘哈尔滨’源于女真语‘哈尔温’，意为‘天鹅’”。其实，无论名称出处究竟是哪一种，有一点是确凿无疑的，“哈尔滨”这一地名如同其他地名一样，已然成为当代中国文化宝藏的一部分了。

文 / 郭晔旻

记录燃情岁月 反映时代特征

得名于近现代的“新”地名

在古老的辽阳大地上，有一座年轻的城区——宏伟区，而这个城区的得名是因为境内的一家大型企业——辽阳石油化纤公司。

辽阳石油化纤公司简称辽化，是以石脑油为原料，生产合成纤维单体、合成纤维和塑料原料的特大型石油化工、化纤联合企业，隶属于国家石油化工总公司。它是20世纪70年代初经毛泽东主席、周恩来总理批准，引进国外成套技术装备兴建的第一批重点石油化工化纤项目之一。

1974年4月10日，辽化工程破土动工。在平地上建设一座巨大的现代工厂，在那个年代，只有部队能完成这样的任务。十里工地，人群如潮，车水马龙，一派热火朝天的建设景象。在这些施工队伍中，有从大连、锦州、抚顺、丹东等地调来的工程技术人员，有工程兵和炮兵部队的指战员，有来自辽阳市各厂矿、机关、学校的人员，工地平均每天有上万人，高峰时，每天达 1.8 万人。当年建设辽化的工程兵部队，有个科研所，副所长就是华为的创始人任正非。辽化的土地上还涌现出“只要骨头不散架，就要拼命建辽化”的“硬骨头战士”黄雪官、一等功臣“焊接技术能手”姜本领、“吊装大王”张士刚、“雷锋式战士”张宝田等典型人物。

1983 年 1 月 1 日，辽化正式移交生产，纳入国民经济总体计划，投产 3 年就收回了国家全部投资，连续 6 年以年利税 5 个多亿的突出业绩名列 50 家全国特大企业中的 24 位。辽化的投产建成在辽阳工业发展史上具有里程碑意义。辽阳古城也因为有了辽化这座大型企业被称为“化纤城”。

辽化是平地上拔起的一座宏伟新城，在当时完全是一个奇迹，所以在 1978 年，辽阳人把“宏伟区”这个光荣的名字给了辽化。

激情燃烧的岁月

同样，黑龙江的友谊县也记录了新中国“天下第一场”的诞生。

1954 年 10 月 12 日，在中华人民共和国成立 5 周年之际，以赫鲁晓夫为团长的苏联政府代表团给毛泽东致电，提出要帮助中国建设一座拥有两万公顷播种面积的大型机械化谷物农场，并赠送所需的机器和设备，派遣专家给予组织和技术上的帮助。当天，毛泽东复电，对苏联政府和人民这一重要的、巨大的、友谊的援助，表示热烈的欢迎和衷心的感谢，他指出：“这个国营谷物农场不仅在推动中国农业的社会主义改造方面会起重要作用，而且也会帮助中国训练农业生产方面的技术人才和学习苏联开垦生荒地的宝贵经验……”

中央办公厅、农业部在经过反复论证后，把眼光投向北大荒。10月20日，国营谷物农场场址调查组成立，前往黑龙江省集贤县兴隆镇三道岗地区调查。12月7日，国务院常务会议正式通过了《关于建立国营友谊农场的决定》，决定将农场设在黑龙江省集贤县三道岗地区，并命名为“国营友谊农场”。1960年4月，集贤县撤销，设立友谊县，实行县场合一体制。农场工作人员从全国农业战线抽调，并且整个农场就是一个独立的县。今天，友谊县隶属双鸭山市，其地名反映了那段激情燃烧的岁月。

从“洪水走廊”到“苏北粮仓”

1949年，地图上出现了“新沂河”“新沭河”两条新河，让曾经肆虐苏北鲁南地区近千年的沂、沭两河洪涝灾害得以根治。

江苏省新沂市地处沂沭泗流域中下游，境内有沂河、沭河、中运河、新沂河、骆马湖等流域性河湖，俗称“四河一湖”，素有“洪水走廊”之称。

据史料记载，新中国成立前新沂市境内沂沭河共发生大水灾470次，大旱灾17次。历史上曾是“平田湖白浪、破屋带荒烟，黍谷无余种，鱼虾不论钱”之地。新中国成立之初，百业待兴，除水之害被摆到首要位置，国家在经济非常困难的情况下，拨出粮款，进行“整沭导沂”工程建设。在各级党委的领导下，新沂广大人民投入轰轰烈

友谊农场，位于黑龙江省友谊县，号称中国第一农场，是 1954 年苏联政府援助建立的大型机械化谷物农场，为纪念中苏之间的友谊而得名。

江苏省新沂市沭河两岸。新沂地处沂沭泗流域中下游，境内有沂河、沭河、中运河、新沂河、骆马湖等，俗称“四河一湖”，素有“洪水走廊”之称。新中国成立之初的“整沭导沂”工程结束了新沂人民饱受洪患的苦难历史。1952年，这座城市以新辟的新沂河命名，新地名承载和见证了这座城市发生的历史巨变。

烈的除水之害——“整沭导沂”建设中，开挖了新沂河，切开了嶂山岭，扩大了骆马湖，沟通了沂河、总沭河、京杭大运河及骆马湖水系，使洪水归槽，东流入海，从而结束了新沂人民祖祖辈辈饱受洪患的苦难历史。

1952 年前的新沂，名字叫新安。因新安与河南省新安县重名，1952 年后，以境内新辟的新沂河而将其更名为新沂县，新的地名承载和见证了这座城市发生的历史巨变。1990 年 2 月，新沂县改设县级新沂市。如今的新沂河、新沭河两岸，已经成了“苏北粮仓”。新沂市也从昔日的“洪水走廊”蜕变为如今的生态美丽城市。

近代风云变幻的见证

中国近代出现的“新”地名，很多都是该地沧桑变化的见证。在洛阳西工区中州中路与解放路交叉口东南角，有一处隐藏在闹市中的建筑群，这里便是民国时期洛阳西工兵营所在地。而其所在地——西工区，名字便与之相关。

袁世凯在窃取辛亥革命胜利果实后，为实现其篡权称帝的真正目的，选定洛阳作为屯兵之地，在此修建新式兵营，训练新式陆军。由于该工程位于当时洛阳城的西关外，当地人多来此打工，所以称这里为“西工地”，后简称“西工”。1923 年，河南省长公署迁驻西工，洛阳第一次成为河南省省会。1932 年，日军进攻上海，国民政府定洛阳为行都并一度迁洛办公，国民党中央党部设在西工。1939 年秋，河南省政府再次迁洛驻西工，洛阳第二次成为河南省省会。1948 年 4

月，洛阳解放，西工地区划属洛阳市第五区（乡级区），9月改属第三区。作为洛阳近代风云变幻的历史见证，西工区为人们保留了这份历史记忆。

1917年，爱国实业家张謇创办“淮南草堰场大丰盐垦股份有限公司”，招南通、海门人来“废灶（盐灶）兴垦”，苏中、苏北茫茫滩涂变成棉田，也使张謇的实业救国事业走向顶峰。1951年8月，江苏省台北县因与台湾省的台北县同名，便取张謇在此创办的“淮南草堰场大丰盐垦股份有限公司”中的“大丰”两字改名大丰县（今盐城市大丰区）。

舞钢市是平顶山下辖县级市，是一个以钢铁发展而来的新兴城市。舞钢市伊始于新中国钢铁工业发展的需要，于1970年在马鞍山北麓、石漫滩水库北岸兴建直属当时冶金部的舞阳特厚钢板厂（此地域属原舞阳县县域，故有舞阳钢厂之称），1990年9月，经国务院批准，撤销舞钢区，设立舞钢市。

此外，因红星林业局得名的伊春市红星区（现并入伊春市丰林县）、因莱芜钢铁厂得名的济南市钢城区、因建华机械厂得名的齐齐哈尔建华区等均是如此。

承载老济南人的记忆

在济南市的所有区县中，天桥区是唯一以辖区内的历史建筑物命名的。这座历史建筑就是火车站东侧不远处的天桥。

天桥的兴建与济南的铁路发展史息息相关。1912 年 11 月 29 日，随着泺口黄河铁桥竣工，由英美投资修建的津浦铁路全线贯通，济南由此成为中国版图上重要的交通枢纽。铁路的开通打开了古城通往外部世界的窗口，对于济南经济和社会发展意义重大。然而，火车的通行也给城市带来了新问题。横跨东西的铁路线将市区和北郊分割为南北两部分，给市民出行带来不便，也限制了市区的北跨发展。为解决这一问题，当地政府开始在火车站东侧兴建上跨胶济铁路、连接南北的过街天桥。

建成后的天桥在周边众多低矮平房中显得有些“鹤立鸡群”，从桥下经过的人们需要抬头仰视，故人们称之为“天桥”。别看老天桥只有 450 米长，可它却是山东省历史上第一座名副其实的立交桥，是连接城市南北的交通枢纽。1955 年，原以数字顺序命名的济南市第四区更名为天桥区，并沿用至今。

时代特征的反映

在近代产生的地名中，还有一些带有鲜明的时代特征。冯玉祥主政河南期间，命名了一批新地名，其显著特点是直接采用孙中山倡导的政治术语，借以宣传民主共和思想。1930 年底，冯玉祥失势下野，蒋介石嫡系进占中原，冯氏亲自设置的自由县、平等县、民治县被裁撤，但博爱县、民权县则被保留了下来。

1928 年，冯玉祥担任南京国民政府行政院副院长。他长期在西北驻军，深知青海和宁夏在军事国防中的重要性。由此，他提出将原属甘肃省的青海和宁夏分别划出，成立新省的建议。1928 年 9 月，国民政府会议确定了成立青海省的决议。

9 月下旬，国民政府会议确定，由孙连仲担任青海省政府主席。孙氏上任后，新成立了互助、民和、同仁、共和等县。在命名互助县时，有两个名字候选，一个叫龙山县，一个叫互乡县。龙山县主要以境内著名的龙王山而得名；互乡县主要是根据此地居住着汉族、土族、藏族、蒙古族、回族等多个民族，在相互的日常交流中，时常出现语言沟通障碍问题。于是，一些儒士乡绅从孔子《论语·述而》篇“互乡难以言”中得到启示，挑出“互乡”两字作县名。两个方案上报后，孙连仲根据老上级冯玉祥“博爱县”“民权县”的先例，否决了“龙山县”名，改“互乡县”为“互助县”，以取此地居住的各民族之间要“互助友爱”之寓意。与此同时，孙连仲取名的县还有“民和县”，取“民族和睦”之意；“共和县”，取“五族共和”之意；设同仁县，取各民族一视同仁之意等。此外，青海省 1935 年 5 月设同德县，取同心同德之意。

新中国成立后，1955 年由青海省甘德县析置久治县，藏语意为“团结”。同样源于藏语的甘肃省合作市，音译为“黑错”，意为羚羊出没的地方，1956 年甘南藏族自治州人民政府由拉卜楞迁此，改为合作镇，1996 年设合作市，境内有藏族、汉族、回族、撒拉族、东乡族、保安族、满族、土族、蒙古族、裕固族、朝鲜族等民族居住，新译名兼取民族团结、各民族互助合作的意思。

另外，在 20 世纪 60 年代命名的地名中，黑龙江省鹤岗市的东风区（现并入南山区）、向阳区，佳木斯市的向阳区、前进区，河南省新乡市的红旗区等也反映了那个时代的特征。

宣示我国对南海诸岛的主权

说到具有近代特征的地名，还必须说一下我国的南海诸岛。

在我国碧波万顷的南海中，镶嵌着一颗颗闪亮的明珠，统称为南海诸岛。南海诸岛处于太平洋和印度洋、亚洲和大洋洲海上航运的要冲位置，在交通和国防上都有重要的意义。很早以前，中华民族的祖先就在南海诸岛上开始活动并修筑了相应的建筑，中国对南海诸岛拥有主权。其古代称“九乳螺洲”“涨海”“千里长沙”“万里石塘”等。

第二次世界大战期间，南海诸岛一度为日本所侵占。抗战胜利后，国民政府根据《开罗宣言》和《波茨坦协定》，继收复台湾之后，立即组织以海军为主的力量，协助广东省政府，南下收复西沙与南沙群岛。

1946 年 11 月 6 日，民国海军“永兴”号驱潜舰、“中建”号坦克登陆舰、“太平”号驱逐舰和“中业”号坦克登陆舰以林遵为总指挥、姚汝钰为副总指挥，载着国防部、内政部、空军总部、广州省政府人员以及驻岛部队、测绘人员，从珠江口虎门起航，两日后抵达海南榆林港。然后又增加了 40 名渔民和 3 艘渔船，准备分别接收西沙群岛和南沙群岛。

11 月 23 日，“永兴”号、“中建”号驶出榆林港，次日抵达西沙

位于中华人民共和国海南省三沙市永兴岛上的中国西沙主权碑。永兴岛命名源于抗战胜利后接收各岛军舰的名称，这是提醒我们记住这段历史，向世人宣示我国对南海诸岛的主权。

群岛的猫注岛。舰上人员分别登陆抢运物资，搭建营房，修筑工事。11 月 29 日，登岛人员举行收复西沙群岛揭碑仪式，纪念碑正面刻“卫我南疆”四个大字，背面刻有“海军收复西沙群岛纪念碑”及立碑日期。为纪念收复西沙群岛，登岛人员将西沙群岛最大的岛屿猫注岛以“永兴”号驱潜舰的舰名命名为“永兴岛”；将西沙群岛西南的螺岛，以“中建”号坦克登陆舰的舰名命名为“中建岛”。

12 月 9 日，接收南沙群岛的“太平”号和“中业”号驶出榆林港。12 月 12 日，到达南沙群岛的黄山马峙。接收南沙群岛的官兵及政府要员登岛后，设立南沙群岛管理处，捣毁日本侵占南沙群岛时所立的碑，清理日军留下的残迹废墟。登岛人员为纪念收复南沙群岛的历史，以“太平”号驱逐舰的舰名重新命名黄山马峙为“太平岛”；以“中业”号坦克登陆舰的舰名重新命名铁峙为“中业岛”。中国政府在接收西沙群岛和南沙群岛之后，遂于 1947 年 3 月，又派遣“太平”号军舰接收了东沙群岛。同年，中国内政部重新命名了包括南沙群岛在内的南海全部的岛礁沙滩名称共 159 个，并公布施行。至此，整个南海诸岛接收完毕，置于中国主权管辖之下。中国海军官兵收复南海诸岛，为国家、为民族做出了重大贡献。

永兴岛、中建岛、太平岛和中业岛的命名正是源于抗战胜利后接收各岛军舰的名称，以提醒我们记住这段历史，向世人宣示着我国对南海诸岛的主权。

1983 年 5 月 22 日，人民海军首次到达我国最远的南部海疆——曾母暗沙巡航。1994 年，中国人民解放军海军再次在曾母暗沙宣示主权，并投下一块主权碑。关于“曾母暗沙”名称的来历，据传郑和下西洋途经曾母暗沙时，有个福建籍的测绘员突然发现地图标注的陆地消失了，于是惊呼“怎某揾山？”负责文书的记录员根据福建口音写成北方汉语：增母暗砂，后来就演变为“曾母暗沙”。还有一说是，明朝时奉命驻守纳土纳群岛的岛主曾沅芳的妻子，活到了90多岁，由于德高望重被大家尊称为“曾母”。她与明朝联系密切，附近许多岛屿都以“曾母”命名，曾母暗沙就是其中之一。

2012年6月21日，民政部公告宣布，国务院正式批准，撤销西沙群岛、南沙群岛、中沙群岛办事处，建立地级三沙市，政府驻西沙永兴岛。三沙市从此成为中国最南端的地级行政区，同时也是全国总面积最大、陆地面积最小、人口最少的城市。

文 / 黄金生

缅怀先烈功勋 传承革命精神

铭刻国家和民族红色记忆的地名

湖北省红安县，原名黄安，明嘉靖以“地方安谧，生民安妥”而得名。它位于鄂东北大别山南麓。革命战争年代，从这里走出了中国共产党创始人之一的董必武，也孕育了两位共和国主席——董必武（代主席）、李先念，以及韩先楚、陈锡联、秦基伟、王诚汉、周世忠、谢富治等 223 位将军，是名副其实的“中国第一将军县”。徐向前、叶剑英、许世友、徐海东、陈赓、陈再道等我军高级将领都曾在这里生活和战斗过。我军历史上有 5 支红军部队在此成立、重建和改编。从 1927 年到 1949 年的 22 年中，黄安有 14 万优秀儿女为中国人民革命事业献出了宝贵的生命。

1931 年 12 月 23 日，红四方面军在黄安军民的配合下，攻克黄安县城。鄂豫皖中央分局为了纪念黄安战役的伟大胜利，表彰黄安人民的革命斗争精神，宣布将黄安县改名为红安县。但当时的蒋介石国

位于湖北省红安县红安烈士陵园内的黄麻起义和鄂豫皖苏区革命烈士纪念碑。红安县原名黄安县，是名副其实的“中国第一将军县”。近代以来，红安人民不惜抛头颅、洒热血，为新中国的解放事业牺牲了14万英雄儿女，为表彰黄安人民的革命精神和光辉业绩，新中国成立后，决定将之更名为“红安”。

民政府并不认可这个县名。抗战爆发后，为了不影响国共合作，国共双方统一县名，称为黄安。新中国成立后，1952 年 9 月 1 日，湖北省人民政府通知，为了表彰黄安人民红心永向党，前仆后继、勇往直前的彻底革命精神和坚持革命红旗永不倒的光辉业绩，经呈奉中南军政委员会同意，并报请中央人民政府政务院核准，黄安县正式更名为红安县。

红色的城

“驻牧之境，则路断人稀，险阻尤甚。”这是史书对四川阿坝红原地区的描述。1935 年 6 月至 1936 年 8 月，红军长征期间，日干乔草原湿地是红军过草地最为危险的地方。这里泥潭密布，气候无常，时而冰雹、时而大风、时而艳阳高照，不少红军战士在饥寒交迫中长眠在这片草地上。“七根火柴”“金色的鱼钩”和“红军柳”的故事就发生在这里。

红军过草地期间，牧民群众为红军做通司、当向导，并将自己家维持生计的青稞和牦牛支援给红军。毛泽东在延安时期和新中国成立后，曾多次高度评价红军长征爬雪山、过草地时藏羌人民的革命业绩，并深情地将其赞誉为中国革命史上特有的“牦牛革命”。1960 年 7 月，为纪念中国工农红军长征草地艰难行及川西北人民在中国革命危难关头所做出的重大贡献，经国务院批准建立红原县，因周恩来为其题词“红军长征走过的大草原”，故名为“红原”。

像红安、红原一样，乌兰浩特市也是一座具有光荣革命历史的城市。该地原名王爷庙，据史料记载，清康熙年间，因札萨克图郡王鄂其尔在此建家庙而得名。早在抗日战争时期，中国共产党领导的革命武装就曾在这里播撒火种。1947 年 5 月 1 日，全国第一个少数民族自治区内蒙古自治区在这里宣告成立。为纪念红色政权，同年改王爷庙为乌兰浩特市。“乌兰”在蒙语里是红色的意思，“浩特”代表城市，乌兰浩特翻译成汉语，就是红色的城。

中山市与中山区

香山县是广东古县，史志记载，香山县所在的五桂山盛产“异花神仙茶”。“异花”乃指“王者之香”的兰花，香闻十里，人们称它“隔山香”，所以五桂山也叫“香山”。此地自古人才辈出，近代以来，从香山走出了容闳、徐润、唐廷枢、郑观应等开风气者。孙中山正是在这里度过了他的童年和少年时期。

1925 年，孙中山逝世后，国内用各种方式对其进行纪念。作为孙中山诞生地的香山县自然受到特别重视。在孙中山逝世不久的 4 月 15 日，“国民党中央执行委员会议决香山易名中山县，以志纪念”。虽然改南京城为中山城的设想遭到反对，但将孙中山的家乡香山县改建为中山县的建议却顺利实现，中山也由此成为全国唯一一个以辛亥人物命名的县级以上的地方行政区。以命名行政区划的形式来纪念伟人，使中山县本身成为一个巨大的孙中山纪念空间。1983 年 12 月，中山县获准撤县改市，1988 年 1 月升格为地级市。

孙中山没有去过大连，但他与大连却有着不解之缘。辛亥革命期

位于广东省中山市的孙文纪念公园。孙中山逝世不久，国民党中央执行委员会议决香山县易名中山县，以志纪念。中山县也由此成为全国唯一一个以辛亥人物命名的县级以上的地方行政区。

间，孙中山支援顾人宜“庄复革命军”、为大连籍辛亥英烈连承基发唁电、派陈其美坐镇大连指挥三次革命、为大连《新文化》月刊题词等。1945 年 11 月 8 日，大连市政府成立后，将日本统治时期的 123 个区划定为市内 12 个区，并在 12 月 8 日的《新生时报》上刊登：“……唯黑咀子区之名，不但区长认为不雅，市民亦以为有更改的必要，故经群众提建议，通过市政府批准，改为中山区，用以纪念孙中山先生精神不朽。”

1946 年 2 月 7 日，大连市区政会议决定大连市内设中山、西岗、沙河口、寺儿沟、岭前 5 个区，原中央区和南山区并入中山区，于 2 月 21 日成立中山区政府。

缅怀先烈

除革命先驱孙中山先生外，我国还有一些以革命先烈之名命名的县。陕西子长县也拥有将军县称呼，先后有 10 余名子长籍军人被授予少将以上军衔。这里是陕北第一个县级苏维埃政府所在地，著名的瓦窑堡会议便在此召开，解放战争中西北战局的转折点羊马河战役也在这里打响。子长县位于陕西省延安市北部，原名安定县，是谢子长烈士的故乡。谢子长乃陕北红军和苏区的主要创建人，是我军杰出的指挥员之一。

“就这样死了，我对不起老百姓，我给他们做的事情太少了。”这是谢子长临终前的最后一句话。由于在长期征战中多次负伤，1935 年 2 月 21 日，年仅 38 岁的他英年早逝。1942 年，为纪念谢子长，中共中央和陕甘宁边区政府决定将安定县更名为子长县，2019 年撤县设市。

1936 年 4 月，谢子长的战友、陕甘宁革命根据地和中国工农红军第 26 军的创始人之一刘志丹率红 28 军东征抗日到山西，遭国民党反动派阻击，在晋西中阳县三交镇战斗中牺牲。为了纪念刘志丹烈士，当年党中央决定把刘志丹的家乡赤安县改称志丹县，以志永久纪念，这一名字也沿用至今。

“我不怕死，我一个人牺牲了，还有更多的人活着。将来的社会必定是光明的，不要为我伤心掉泪。”这是西北革命的播火者李子洲牺牲前留给亲人的铮铮誓言。李子洲是中国共产党早期的优秀党员，陕西党组织的创建人之一和卓越的组织活动家，曾先后参与组织领导了清涧和渭华武装起义。1929 年 1 月因叛徒出卖被捕入狱。在狱中，他与敌人进行了坚持不懈的斗争，同年 6 月 18 日不幸病逝于狱中，时年 37 岁。为了缅怀先烈，1944 年 2 月，中共中央西北局和陕甘宁边区政府，根据广大人民群众的愿望和要求，在李子洲的家乡绥德西川及附近地区新辟子洲县，以志纪念。

在夺取全国政权前夕，中共七届二中全会提出要继续保持“谦虚、谨慎、不骄、不躁”和“艰苦奋斗”作风的要求，并作了防止党内骄傲、腐化、个人崇拜等若干具体规定，其中之一便是“不以人名作地名”。新中国成立后，中央人民政府政务院 1951 年 12 月发出《关于更改地名的指示》：“纪念革命先烈，一般用碑、塔等方式，不更改地名。但已经更改，并经该地上级人民政府批准或群众称呼已成习惯的，仍可沿用。”贯彻上述精神，除了左权县（原名辽县，1942年5月25日国民革命军第八路军副总参谋长左权牺牲于此，为纪念左权将军，遂更县名为左权）、靖宇县（1946年2月为纪念在此牺牲的东北抗日联军总司令杨靖宇将军，现在隶属白山市）、尚志县（1946年为纪念抗日民族英雄赵尚志而更名为尚志县，1989年经国务院批准撤县设市）、黄骅县（为纪念原115师教导六旅副旅长兼冀鲁边军区副司令员黄骅，1989年撤县设市）外，其他以抗日英烈名字命名的县名先后被撤销。

革命纪念

除了纪念革命先烈外，还有一些地名是为纪念革命史上的一些重大事件。郑州的二七区始建于1948年10月，为纪念1923年2月7日爆发的“京汉铁路工人大罢工”，在1955年从二区更名为二七区。辖区内有二七纪念塔、二七纪念堂、北伐军阵亡将士墓地、郑州烈士陵园等革命纪念地，供后人纪念缅怀。

朝鲜战争中曾出现很多著名战役，中国人民志愿军打出了中国军威。特别是1952年10月14日至11月25日的上甘岭战役，敌人逐次投入兵力达6万余人，向志愿军仅有的3.7平方千米的阵地投掷炸弹5000余枚，发射炮弹190余万发，将山顶土石打松深达1米以上。志愿军打垮敌人900多次冲击，歼敌25000余人，粉碎了由美军第8集团军司令范弗里特亲自指挥的攻势，守住了阵地，创造了攻不破的东方壁垒。黑龙江省伊春市的上甘岭区，就是为纪念上甘岭战役胜利

位于河南郑州二七广场的“郑州二七罢工纪念塔”，是为纪念 1923 年 2 月 7 日爆发的“京汉铁路工人大罢工”。1955 年郑州市将原来的二区更名为二七区。

而命名的。

上甘岭区是东北抗日联军第六军活动区域之一。1952 年冬，中国人民解放军某部开进当地林区，同当地职工群众一起拉开建设大兴安岭的序幕，当时正值上甘岭胜利的消息传到国内，于是林区便命名为上甘岭林区，隶属伊春林业管理局。1960 年 3 月，设立上甘岭区，为伊春市辖区（现并入伊春市友好区）。

新集曾经是仅次于中央苏区的鄂豫皖苏区首府，在 1932 年秋国民党军队对鄂豫皖苏区的第四次“围剿”中，新集沦于敌手。是年底，国民党政府划河南省光山县和湖北省黄安县、麻城县一部分地域组建县治，以国民党军队将领、河南省政府主席刘峙之字“经扶”为名。从此，经扶县出现在中国的版图上。

1947 年 8 月底，晋冀鲁豫野战军在刘伯承、邓小平率领下，渡过淮河，在大别山实行战略展开。8 月 28 日，六纵一部解放了经扶县县城——新集。

具有光荣革命传统的经扶县人民积极投入了剿匪反霸、建立革命政权、土地改革和拥军支前等革命斗争。同时，人们纷纷提出，“经扶”二字是国民党反动政权的象征。现在，全县建立了革命政权，经扶县这个名字也应该在地图上抹去。1947 年 12 月，经扶县首届人民政府代表大会在王湾（今属陈店乡）召开。据当时县长邱进敏回忆，会上有人提议以军首长（刘）伯承之名为县名，也有人提议以革命烈士（沈）泽民或（肖）先发等名为县名。县委书记穰明德把会议情况向刘伯承汇报。刘伯承听后说，还是不以人名命县名为好，就叫新县吧！一是人民获得了解放，开始了新生活；二是以新集为县治所。最后，与会代表 500 余人，一致通过了刘伯承的提议，改经扶县为新县。

新城崛起

与许多动辄上千年的县相比，新县的确很“新”，但却以其深刻含义载入革命史册。比新县更年轻的具有纪念意义的地名还有位于黑龙江省的大庆市以及江西省的共青城市。

1959 年 9 月 26 日，位于当时的黑龙江肇州县大同镇高台子村附近的松辽盆地第三号探井——松基三井喷出了具有工业价值的油流，发现了油田。松基三井在新中国成立十周年大庆前夕出油，向党和祖国献上了一份大礼。之后，黑龙江省人大常委会做出决定，把大同镇改为大庆区。从此，油田有了一个响亮的名字——“大庆”。随着油田范围逐步扩大，“大庆”就成为整个油区的名字。1979 年 12 月 14 日，国务院批准成立大庆市。现在的大庆，已是我国石油和石油化工的重要基地。

在美丽的鄱阳湖之滨坐落着一座年轻的城市，这就是我国唯一以共青团命名的城市——共青城市。1955 年 10 月 18 日，一群年轻人的到来打破了江西德安八里乡往日的寂静。这是由 98 人组成的上海首支青年志愿垦荒队。他们打着“向困难进军，把荒地变成良田”的锦旗，唱着《垦荒队员之歌》，从繁华的大城市来到荒无人烟的山村安家落户，垦荒种地。

20 世纪 50 年代中期，国家第一个五年计划已经开始实施，团中央号召广大青年到祖国最需要的地方去，开发边疆、建设边疆，立刻得到上海青年的热烈响应。上万青年自愿报名去江西垦荒。经过严格筛选，98 人脱颖而出。这 98 人中，有刚出校门不久的初中学生，有里弄干部和青年工人，绝大多数都是缺乏劳动习惯和独立生活经验的城市青年，年龄都在 20 岁左右。到达目的地以后，他们分居在米粮岭、王家湾和小西陇 3 处，建立起一个生产合作社。垦荒队员们克服重重困难，在草莽之中、野兽出没的地方伐木建屋，挖井开塘，自食其力。1955 年 11 月 30 日，当时任团中央书记的胡耀邦和团江西省委书记周振远到八里乡去探望这支青年垦荒队。由于垦荒队员中绝大部分是青年团员，大家要求给自己的合作社取名“共青社”，胡耀邦接受了大家的要求并为“共青社”题了字。

1957 年秋，上海青年垦荒队搬迁至鄱阳湖畔，与其他地区的青年一起，建起了一座具有十多万人口的“共青城”。当年的热血青年正是这样将汗水播洒在数千里外的他乡，共青人坚持“坚忍不拔、艰苦创业、崇尚科学、开拓奋进”的精神，在荒滩芜洲上建起了充满青春活力的新兴城市。2010 年，国务院正式批准设立共青城市。从共青社发展为共青垦殖场、共青开发区、共青城，一路风雨，艰苦创业，成就了一座城市的崛起，创造出一个时代的辉煌。

文 / 黄金生

附 录

中国省级行政区得名溯源

北京市

简称“京”

该市得名于明代。“京”“都”“京师”历来为中国国都、首都之名称，按古籍《公羊传》中的说法，“京”义为大，“师”义为众，“天子之居，必以众大之辞言之”。明朝朱元璋建京师于南京，后朱棣迁京师于此，因地处南京之北，故名“北京”。

全市陆地面积1.641万平方千米，共辖16个区，同河北省、天津市接壤。北京历史悠久，西周、春秋战国时期，为蓟城，先后为蓟国、燕国都城。秦朝时，设蓟县。西汉初属燕国。隋为涿郡，唐为幽州。辽代为五京之一，为南京幽都府（后改名析津府），此后为金中都、元大都。明洪武年间为北平府，永乐迁都后为京师，称北京。清朝时，为京师顺天府。辛亥革命后，于1914年改为京师市政公所、京兆地方。1928年，为北平特别市。新中国成立后再度改名北京市，定为中华人民共和国首都。北京建都史长达860余年，先后有辽、金、元、明、清五朝在此定都，荟萃了自元明清以来的近世中华文化，拥有众多历史名胜古迹和人文景观，拥有7项世界遗产，是世界上拥有文化遗产项目数最多的城市。

天津市

简称“津”

该市得名于明代，明建文二年（1400年），燕王朱棣率兵南下“靖难”由此渡直沽，故赐名“天津”，寓“天子津渡”之意。另有说法为，以境内有天津河流经而得名；或说以古星相学中的“天津星”得名，或说来自屈原《离骚》中“朝发轫于天津兮，夕余至乎西极”的诗句。

全市陆地面积1.1966万平方千米，共辖16个区，同河北省、北京市接壤。天津地处太平洋西岸，华北平原东北部，海河流域下游，东临渤海，北依燕山，西靠首都北京，是海河五大支流南运河、子牙河、大清河、永定河、北运河的汇合处和入海口，素有“九河下梢”“河海要冲”之称，为拱卫京畿的要地和门户。天津始于隋朝大运河的开通。在南运河和北运河的交汇处、现在的金钢桥三岔河口地方，史称“三会海口”，是天津最早的发祥地。明永乐年间，设天津卫、天津左卫、天津右卫。1949年，为中央政府直辖市。1958年属河北省，1967年复改为直辖市至今。

河北省

简称“冀”

因地处黄河下游以北而得名。古时为冀州，故简称“冀”。《大清一统志》："（唐）贞观初，分属河北道。""宋雍熙四年，分河北为东西两路，端拱二年并为一路，熙宁六年，复分两路。"河北正式称省始于1928年，省会为天津市。1967年，省会迁至保定市。1968年，省会迁至石家庄市。

全省陆地面积18.88万平方千米。由于该省在战国时期大部分地区属于赵国和燕国，所以又被称为燕赵之地。河北地处华北，漳河以北，东临渤海、内环京津，西为太行山地，北为燕山山地，东南部、南部衔山东、河南两省，西依太行山与山西省为邻，西北与内蒙古自治区交界，东北部与辽宁接壤，全省地势西北高、东南低，由西北向东南倾斜。地貌复杂多样，有坝上高原、燕山和太行山山地、河北平原三大地貌单元，为中国唯一兼有高原、山地、丘陵、平原、湖泊和海滨的省份。省会石家庄有说因"石"姓而得名，有说由"十家庄"讹传而得名，还有说因村中多石匠而得名。

山西省

简称"晋"

因地处太行山之西而得名，又称"三晋"，古称河东，现省名始于明清。《辞源》："因在太行山之西，故称山西。"《读史方舆纪要》："山西盖语其东侧太行为之屏障，其西侧大河为之襟带。"《大清一统志》："明洪武元年，置山西行中书省于太原。九年，改为山西等处承宣布政使司。本朝因之，为山西省。"春秋时大部分地区为晋国所有，故简称"晋"。

全省总面积15.67万平方千米。该省地处黄河流域中部，东有巍巍太行山作天然屏障，与河北省为邻；西、南部以黄河为堑，与陕西省、河南省相望；北连内蒙古自治区。被称为“表里山河”的山西是中华民族发祥地之一，被誉为“华夏文明摇篮”，素有“中国古代文化博物馆”之称。

省会太原以地处大而高的平原上而得名。《尚书·禹贡》：“既修太原。”注曰：“高平曰原，今以为郡名。”《水经注》：“《尚书·大传》曰：东原底平。大而高平者谓之太原，郡取称焉。”《春秋说题辞》：“高平曰太原。原，端也。平而有度。”

内蒙古自治区

简称“内蒙古”

内蒙古得名于清代，清康熙三年（1664年）于漠南（今中蒙边界以南）蒙古各部建盟旗制度，漠北为外札萨克蒙古，称漠南蒙古为内札萨克蒙古，简称内蒙古。“蒙古”一词较早记载于《旧唐书》和《契丹国志》，意为“永恒之火”。元太祖元年（1206年），蒙古各部在鄂伦河畔举行大聚会，建立蒙古汗国，于是“蒙古”一词由部落名称变成民族名称，进而成为民族分布地域的名称。1947年设内蒙古自治区。

全区陆地面积118.3万平方千米。内蒙古位于祖国北部边疆，东西长约2400千米，南北最大跨度1700多千米，横跨东北、华北、西北地区，内与黑龙江、吉林、辽宁、河北、山西、陕西、宁夏、甘肃8省区相邻，外与俄罗斯、蒙古国接壤，边境线长达4200多千米。

首府呼和浩特市蒙古语意为“青色之城”，以明万历九年（1581 年）阿勒坦汗在此建城，城墙为青砖所筑，远望为一片青色而得名，也有说是因城区北依大青山而得名。

辽宁省

简称“辽”

该省以地处辽河流域而得名，清代划归盛京特别行政区，清末改为奉天省。1929 年，南京政府国务会议议决奉天省改名辽宁省，寓辽水流域永久安宁之意。解放战争期间，辽宁地区曾先后建立过辽宁省、安东省、辽南行署、辽吉行署（部分地区在辽宁）、辽北省（部分地区在辽宁）、关东公署。1954 年，合辽东省、辽西省为辽宁省。1956 年，分热河省部分地区并入辽宁省。

全省陆地面积 14.8 万平方千米。辽宁南临黄海、渤海，东与朝鲜一江之隔，与日本、韩国隔海相望，同内蒙古、吉林和河北 3 省、自治区相邻。全省大陆海岸线长 2292 千米，近海水域面积 6.8 万平方千米，为我国重要老工业基地之一。省会沈阳以地处小沈河（五里河）之北而得名。《钦定盛京通志》记载，小沈水“城南四里，俗名五里河……”“水北曰阳，故名沈阳。辽、金沈州，元沈阳路，明沈阳中卫，并以此水得名”。

吉林省

简称“吉”

该省以地处松花江沿岸而得名。“吉林”为满语“吉林乌拉”的简称，清光绪《吉林通志》：“国语（满语）吉林谓沿，乌拉谓江。”意为“沿江的土地（城市）”。康熙十五年（1676 年），宁古塔将军巴海移驻此地，改为吉林将军，吉林也就用来指代松花江、乌苏里江流域的广大地区。光绪三十三年（1907 年），撤吉林将军设吉林行省。

全省陆地面积 18.74 万平方千米。吉林省地貌形态差异明显，地势由东南向西北倾斜，呈现明显的东南高、西北低的特征。以中部大黑山为界，可分为东部山地和中西部平原两大地貌区。东部山地分为长白山中山低山区和低山丘陵区，中西部平原分为中部台地平原区和西部草甸、湖泊、湿地、沙地区。主要平原有松嫩平原、辽河平原。省会长春市在清代称长春府，以境内盛开的长春花（野生月季花）得名，寓吉祥之意，也有得名于古时为春猎之地或得名于乾隆帝诗句“长白千载古喜州，春光无限在宽城”的说法。

黑龙江省

简称“黑”

以地处黑龙江流域得名，而黑龙江又因江水含腐殖质多，水色发黑，蜿蜒如游龙得名。《大清一统志》：黑龙江“古名黑水，亦曰完水，又名室建河，亦名千难河……”《明一统志》按：“黑水之名始于南北朝，黑龙江之名见于金史。”清康熙二十三年（1684 年）设黑龙江将军，光绪三十三年（1907 年）改为黑龙江行省。1945 年先后为黑龙江省、嫩江省、合江省、绥宁省、松江省，1949 年为黑龙江省、松江省，1954 年撤松江省并入黑龙江省。

全省陆地面积 47.3 万平方千米（含加格达奇和松岭区）。该省位于东北亚区域腹地，是亚洲与太平洋地区陆路通往俄罗斯和欧洲大陆的重要通道，是中国沿边开放的重要窗口。省会哈尔滨市由女真语“阿勒锦”转音而来，为“荣誉”之意。《金史·太祖本纪》：“穆宗亲迓太祖于阿勒锦村。”《钦定金史语解》说阿勒锦“名誉也”，又有一说称“阿勒锦”为满语“晒网场”之意，也有说法称，哈尔滨源自女真语“哈尔温”，意为天鹅。

上海市

简称“沪”或“申”

以“地居海之上洋”得名。《大清一统志》：“旧曰华亭海，后以人烟浩穰、海舶辐辏，遂成大市。宋绍兴中，于其地置市舶提举司及权货场，曰上海镇，以地居海之上洋，故名。”又说，该城以境内的“黄浦”（春申浦）得名，春申浦之名源自战国时楚国春申君，简称“申”。《读史方舆纪要》，“淞江东泄海曰沪海，亦曰沪渎”“沪盖取渔具也”，因而又简称“沪”。1949 年定为中央政府直辖市。

上海市陆地面积 6340.5 平方千米，辖 16 个区。与邻近的浙江省、江苏省、安徽省构成长江三角洲。全市境内除西南部有少数丘陵山脉外，整体地势为坦荡低平的平原，是长江三角洲冲积平原的一部分，平均海拔2.19米。陆地地势总趋势由东向西低微倾斜。西部天马山为上海陆上最高点，海拔98.2米。海域上有大金山、小金山、浮山、佘山等基岩岛，大金山海拔103.7米，为上海境内最高点。境内辖有崇明、长兴、横沙3个岛屿，崇明岛是我国的第三大岛。

江苏省

简称“苏”

清康熙六年（1667年）取江宁府、苏州府的首字命名为“江苏”。《大清一统志》：“康熙六年，改为江苏省，领江宁、苏州、松江、常州、镇江、淮安、扬州七府，徐州一州。”1949年，撤江苏省设苏南行政公署、苏北行政公署，1952年恢复江苏省。

江苏省陆地面积10.72万平方千米。该省沿海滩涂面积超过5000平方千米，约占全国滩涂总面积的1/4。省内有淮河、长江流过，也有洪泽湖、高邮湖以及太湖等大型湖泊。且长江自南京一直到入海口这一段，也曾称为扬子江，一说认为以隋炀帝时修建的运河通达古代扬州府城南扬子津渡口而得名。省会南京市原为应天府，明洪武元年（1368年），称应天府为南京，正统六年（1441年）正式改应天府为南京。南京别名金陵，据《金陵图经》言：“昔楚威王见此有王气，因埋金以镇之，故曰金陵。”又别称石头城。《元和郡县图志》：“在县西四里，即楚之金陵城也，吴改为石头城，建安十六年，吴大帝修筑，以贮财宝军器，有戍。”

浙江省

简称“浙”

以境内的浙江（钱塘江）得名。浙江作为政区名始于唐代。《元和郡县图志》：“〈庄子〉云：浙河，即谓浙江，盖取其曲折为名。”《辞源》记载，浙江“又称之江，以其多曲折，故称浙江”。《大清一统志》：“（唐）乾元初分置浙江东西二道。”该省即以此得名。另一说认为浙江是古越语地名。

浙江省陆地面积10.55万平方千米，海域面积26万平方千米，面积大于500平方米的海岛有2878个，大于10平方千米的海岛有26个，是全国岛屿最多的省份。此外，境内水网纵横，除了钱塘江，还有衢江、婺江、剡溪、奉化江等大小河流。还有莫干山、会稽山、雁荡山等诗文中常出现的名山。省会杭州以大禹曾在此建造浮桥的余杭区而得名，古时也称钱塘。《西湖游览志余》，杭州之名“盖神禹至此，溪壑萦回，造杭以渡，越人思之，且传其制，遂名禹杭耳”。也有人认为余杭为古越语地名。

安徽省

简称“皖”

明朝时境内有安庆府、徽州府，清朝时合两地名之首字命名为“安徽”。《辞源》说“清康熙元年设安徽巡抚，以安庆、徽州两府的首字合并为名，始有安徽之称”。《大清一统志》：“康熙元年，设安徽巡抚。六年，改江南左布政使司为安徽布政使司。”因境内有皖山、春秋时期有古皖国而简称“皖”。

安徽省陆地面积 14.01 万平方千米。中国两条重要的河流——长江和淮河自西向东横贯全境，把安徽省全境分为三个自然区域。安徽文化发展源远流长，由徽州文化、淮河文化、皖江文化、庐州文化四个文化圈组成。省会合肥市得名有三种说法，其一认为以施水（今南淝河）在此汇入淝水（今东淝河）得名；其二以“淮水与淝水合，故曰合肥”；其三说为淝水先一分为二（出紫蓬山时分为二支），后合二为一（至余公庙前汇合），故名合肥。隋开皇元年（581 年），曾在此置庐州。而合肥之名，自秦代起就作为县名而见诸史册。

福建省

简称“闽”

以唐代福建经略使为得名之始。唐朝时取福州、建州之名各一字命名福建经略使。元代“至元十五年，置（福建）行中书省”。古时为闽越地，《读史方舆纪要》记载：“《史记》南越，班固作南粤，粤即越也，今人多以两广为粤，闽浙为越矣。”

福建省陆地面积 12.4 万平方千米，海域面积达 13.6 万平方千米。福建港湾众多，自北向南有六大深水港湾，岛屿星罗棋布，共有岛屿 1500 多个。平潭岛现为全省第一大岛，原有的厦门岛、东山岛等岛屿已筑有海堤与陆地相连而形成半岛。福建省东北与浙江省毗邻，西与江西省接界，西南与广东省相连，东南隔台湾海峡与台湾省相望，位于东海与南海的交通要冲，是历史上海上丝绸之路的起点，也是海上商贸集散地。省会福州市以境内的福山得名。《元和郡县图志》，福州“今为福建观察使治所”“开元十三年（725年）改为福州都督府，因州西北福山为名”。

江西省

简称“赣”

以唐代江南西道得名。唐景云二年（711年）设江南西道监理区，简称江西道，宋属江南西路，元置江西行中书省。因境内最大的河流为赣江，简称“赣”。

江西省陆地面积16.69万平方千米。该省地处中国东南偏中部长江中下游南岸，古称“吴头楚尾，粤户闽庭”，乃“形胜之区”，东邻浙江、福建，南连广东，西靠湖南，北毗湖北、安徽而共接长江。江西自古以来物产富饶、人文荟萃，素有“物华天宝、人杰地灵”之誉。省会为南昌市，西汉时高祖令颍阴侯灌婴以此为根据地，平定南越、昌大南疆，故名。又说以境内南昌山得名，《郡县释名》南昌府条记载“府有南昌山”。《豫章图经》说南昌山为“昔吴王濞铸钱之山。时有夜光，遥望如火，以为铜之精也……一名厌原山，又名南昌山”。1927年8月1日，中国共产党领导部分国民革命军在南昌举行武装起义，打响武装反抗国民党反动派的第一枪，揭开了中国共产党独立领导武装斗争和创建人民军队的序幕。

山东省

简称“鲁”

以地处太行山之东而得名。山东最初为一个地理概念，主要指崤山、华山或太行山以东的黄河流域广大地区，金大定八年（1168 年）改京东为山东，分东西两路，设山东东路统军司，“山东”始成为政区名称。明洪武元年（1368 年），置山东行中书省。清初设置山东省，沿袭至今。因西周封邦建国时，今山东境内曾存有齐、鲁、曹、滕、卫诸国，周公旦封于鲁，故简称“鲁”。1949 年，山东省西部划入平原省。1952 年，平原省撤销后，原划出地复归山东省。

山东省陆地面积 15.58 万平方千米，海洋面积 15.96 万平方千米。山东中部山地突起，西南、西北低洼平坦，东部缓丘起伏，形成以山地丘陵为骨架、平原盆地交错环列其间的地形大势。山东半岛突出于渤海、黄海之中，同辽东半岛遥相对峙；内陆部分自北而南与河北、河南、安徽、江苏 4 省接壤。省会为济南市，因地处古济水之南而得名。

河南省

简称“豫”

以地处黄河下游以南而得名。《周礼 · 职方》：“河南曰豫州。”《大清一统志》：“隋开皇二年废总管府，置河南道行台。”“（唐）河南道治汴州，领陕、虢、郑、许、蔡、陈、宋七州。”“元置河南等处承宣布政使司。本朝因之，为河南省。”古为豫州，故简称“豫”。

《太平寰宇记》："豫者，逸也，言常安逸也。"

河南省陆地面积 16.7 万平方千米。河南省是中华民族与华夏文明的发祥地之一，为中国建都朝代最多、建都历史最长、古都数量最多的省份，中国八大古都河南有其四，分别是洛阳、开封、安阳和郑州。古代很长时间这里都是全国政治、经济、文化中心。悠久的历史给河南留下了宝贵灿烂的文化遗产，现有 5 处世界文化遗产。省会郑州市以古郑国为名，《郡县释名》："周管叔鲜封于此。有管仲城，后为郑国。州从国名也。"《读史方舆纪要》："周初，封管叔于此，又为虢、郐之地，郑武公从平王东迁，灭两国而有其地。"

湖北省

简称"鄂"

该省得名于北宋，以地处洞庭湖以北，故名。春秋战国时属楚国。《大清一统志》："宋建隆三年平高季兴，八年灭南唐，置湖北及京西路，元丰中，改荆湖北路。"元朝时属湖广行省、河南行省。明朝时，属湖广布政使司。清康熙三年（1664 年），设湖北布政使司；康熙六年为湖北省。因其地古时为鄂州，简称"鄂"。

全省陆地面积 18.59 万平方千米，与安徽、江西、湖南、重庆、陕西、河南接壤，长江自西向东横贯全省。省会为武汉市，由武昌、汉口和汉阳三地组成，取其首字为名。《大清一统志》："三国吴分东境置武昌郡，晋为武昌郡地。"隋置汉阳县。武昌、汉阳建城较早，汉口则是明代成化年间汉水改道，淤起一片土地后，因泊船方便而渐次扩展为口岸埠镇，然后得水之利后来居上，明嘉靖年间设汉口巡检司，被认为是汉口正式设镇的标志。

湖南省

简称“湘”

以地处洞庭湖以南得名。春秋战国时属楚国。唐广德二年（764年）设湖南都团练观察使，为湖南得名之始。宋朝设湖南路，元朝设湖广行省，明朝设湖广承宣布政使司。清康熙三年（1664年）设湖广右布政使，康熙六年为湖南省。因湘江贯穿全境，简称“湘”。湖南自古盛植木芙蓉，五代时就有“秋风万里芙蓉国”之说，因此又有“芙蓉国”之称。

全省陆地面积21.18万平方千米，毗邻江西、广东、广西、贵州、重庆、湖北。湖南地貌以山地、丘陵为主，全省三面环山，形成从东南西三面向北倾斜开口的马蹄形状。东有幕阜山、罗霄山脉；南有南岭山脉；西有武陵山、雪峰山脉；湘北为洞庭湖平原；湘中则丘陵与河谷相间。省会为长沙市，一说以古时所辖区域从湘江到东莱达万里，故名长沙；亦说以古万里沙祠得名。又说以古星相学中的“长沙星”得名。还说，以古长沙国得名。

广东省

简称“粤”

以宋代的广南东路得名。先秦时为百越地。因地处中原之南，五代时始称广南，北宋至道三年（997年）设广南东路。元朝时，为广东道、海北海南道。明洪武二年（1369年）设广东行省；洪武九年为广东布政使司。清朝时为广东省。因古为南越（粤）地，简称“粤”。

全省陆地面积17.97万平方千米，全省拥有海岛1963个，海岛面积1513.17平方千米，海域总面积42万平方千米。与福建、江西、湖南、广西为邻，珠江口东西两侧分别与香港特别行政区、澳门特别行政区接壤。全省大陆海岸线长4114千米，居全国第一位。省会为广州市。226年，三国吴分交州东部四郡置广州（州治番禺），此为广州得名之始。又说，广州之名“本于广信”。东汉末交州治所从广信县迁至番禺县，三国吴时借广信之名于此设广州，寓“广布恩信”之意。还说，古为粤黄族之黄州地，当地土音读“黄”为“广”，故名广州。

广西壮族自治区
简称“桂”

以宋代的广南西路得名。春秋战国时为百越地。因地处中原之南，五代时始称广南，北宋至道三年（997年）设广南西路，简称“广西”。元元贞元年（1295年）设广西两江道；至正二十三年（1363年）为广西行省。明洪武九年（1376年）为广西承宣布政使司。清朝时为广西省。因宋元明清时治所皆在桂林，简称“桂”。

全区陆地面积23.76万平方千米，管辖北部湾海域面积约4万平方千米，与广东、云南、湖南、贵州毗邻，南临北部湾与海南隔海相望，西南与越南社会主义共和国接壤。广西矿产资源种类多、储量大，尤以铝、锡等有色金属为最，是全国10个重点有色金属产区之一，探明储量的矿藏有97种，其中64种储量居全国前10位，有12种居全国第一位；在45种国民经济发展支柱性矿藏中，广西就有35种。首府为南宁市，简称“邕”，以元代南宁路得名。元泰定元年（1324年）九月，泰定皇帝颁令改邕州路为南宁路，取“粤南永宁”之意。

海南省

简称“琼”

以海南岛得名。《清史稿》：“州在南海中，曰海南岛。”该地西汉初属南越国。元封元年（前110年），“武帝立儋耳、珠崖郡，皆在南方海中洲居，广袤可千里”。唐宋时设琼州，明清时设琼州府，琼州有琼山，“州以此山而得名”，此地亦简称“琼”。

全省陆地（包括西沙、中沙、南沙群岛）面积3.52万平方千米，海域面积约200万平方千米，北以琼州海峡与广东省划界，西隔北部湾与越南相对，东面和南面在南海中与菲律宾、文莱、印度尼西亚和马来西亚为邻。海南地处热带北缘，地理位置和气候条件独特，是我国热带森林面积最大、热带雨林资源最丰富的省份，同时该省动植物药材资源丰富，有“天然药库”之称。省会为海口市。“海口”一名出现于宋代，意为南渡江入海口处的一块浦滩之地，是一座集“江河海湖溪”五水并存的城市。《明史》，琼山县“南有琼山。北滨海，有神应港，亦曰海口渡，有海口守御千户所”。《清史稿》，琼山县“县城驻海口所城”。

重庆市

简称“渝”

以南宋的重庆府得名。原名恭州，南宋光宗即位前封于恭州，是为一庆，光宗于此承嗣天子大位，是为二庆，故名重庆府，寓“双重喜庆”之意。又说，因南宋光宗即位时，其祖母和父亲均临视了登基庆典，故曰“重庆”。还说，以南宋时地处绍庆府、顺庆府之间而得名。此地西周、春秋时为巴国都城，秦朝时设巴郡。隋开皇元年（581 年）为渝州。南宋为重庆府后，“重庆”一名保留。1997 年设为直辖市。因境内有渝水、古时为渝州，简称“渝”。

重庆全市面积 8.24 万平方千米，与湖北、湖南、贵州、四川、陕西接壤，位于长江上游地区，是一座独具特色的“山城、江城”。抗日战争时期，该市是国民政府战时首都和世界反法西斯战争远东指挥中心。抗日战争时期和解放战争初期，以周恩来同志为代表的中共中央南方局在重庆负责领导国统区、港澳及海外地区的党组织和统一战线工作，形成的“红岩精神”，是我们国家和民族的宝贵精神财富。

四川省

简称“川”或“蜀”

该省得名于北宋。先秦时为巴国、蜀国之地，北宋置川峡路，北宋咸平四年（1001 年）分为益州路（今成都一带）、梓州路（今四川东部、重庆西部及云南北部部分地区）、利州路（今四川绵阳、陕西汉中部分地区）、夔州路（今重庆大部及贵州部分地区），合称四川路，曾设四川制置使、四川宣抚使等职位，简称“四川”，由此而得名。元代起设置四川等处行中书省，形成今日四川省雏形。另一说为该省得名于境内岷（今岷江）、泸（今金沙江）、雒（今石亭江，沱江上游支流）、巴（今巴河）四大川。

全省面积 48.6 万平方千米，与重庆、贵州、云南、西藏、青海、甘肃和陕西等 7 省、自治区、直辖市接壤。省会为成都市，得名有两说，一说为取舜“一年而所居成聚，二年成邑，三年成都”的典故而命名；另一说成都为古蜀语地名，意为“天族（高原）人居住的地区”。春秋时期，古蜀开明王朝定都于此，营建成都城，之后数千年名称不变，位置不迁，直至今天。

贵州省

简称“贵”或“黔”

以境内的贵山得名。贵山“在城北五里，一名贵人峰”。又说，以古矩州得名。唐武德四年（621 年）设矩州，当地话“贵”与“矩”音同，后改名贵州。还说因古代当地部落首领普贵得名。公元 974 年，土著首领普贵控制的矩州归顺，宋朝在敕书中有“惟尔贵州，远在要荒”一语，这是以贵州之名称此地区的最早记载。春秋战国时，该地属楚国、夜郎国。秦朝时，属黔中郡、象郡、夜郎国。古时称“黔中”，简称“黔”。“贵州”一名，始于宋朝。北宋开宝七年（974 年），改羁縻矩州为羁縻贵州，但贵州建省却在明永乐十一年（1413 年），设贵州布政使司。清朝时为贵州省。

全省陆地面积 17.61 万平方千米，毗邻湖南、广西、云南、四川、重庆，是一个山川秀丽、气候宜人、民族众多、资源富集、发展潜力巨大的省份。省会为贵阳市，以在贵山之南得名，如《清史稿》，贵阳府“北有贵山，府以此名”。

云南省

简称“滇”或“云”

以地处彩云之南，故名“云南”。明隆庆《云南通志》：“汉武元狩间，彩云见于南中，遣使迹之，云南之名始此。”又说，以地处云岭之南而得名。“云南”最先用于西汉汉武帝元封二年（前 109 年）所设益州郡下的一个县——云南县。元世祖至元十三年（1276 年）才设云南行省。因境内有滇池，战国时为滇国，简称“滇”。汉武帝下令征发滇国，巴蜀兵士进击与滇国相邻地区，“以兵临滇”，滇王这才归附，“举国降，请置吏入朝”，同时设置益州郡，“赐滇王王印，复长其民”。

全省陆地面积 39.41 万平方千米，毗邻广西、贵州、西藏，北以金沙江为界与四川省隔江相望，西部与缅甸相邻，南部和东南部分别与老挝、越南接壤。省会为昆明市，一说以昆明夷得名，“昆明”古称“昆”“昆弥”“昆淋”，是当时活跃在西南地区一个部族的名称；

又说以境内昆明池得名。

西藏自治区
简称“藏”

以地处祖国西南部，为藏族聚居地，故名“西藏”，简称“藏”。唐宋时称“吐蕃”，元明时称“乌斯藏”，清康熙二年（1663年）始称“西藏”，乾隆十八年（1753年）正式确定西藏为行政区名称。

全区面积122.84万平方千米，毗邻新疆、青海、云南、四川，南面和西面与印度、尼泊尔、不丹、缅甸四国及克什米尔地区接壤。首府为拉萨市，“拉萨”藏语意为“佛地”“圣地”，因此地历来为佛教圣地而得名。又说该地原名“热萨”——唐初称“逻些”“热萨”，为吐蕃王朝都城；唐中后期，始称“拉萨”。以松赞干布建大昭寺时以山羊驮土填湖建寺基而得名，后转音为“拉萨”，藏语意为“山羊驮土”。公元7世纪，松赞干布统一全藏，将政治中心从山南迁到拉萨，后历经千年发展，逐步形成了西藏的政治、经济、文化、宗教中心。1951年，西藏和平解放。1960年1月，设立拉萨市。1965年9月，西藏自治区成立，拉萨市成为自治区首府。

陕西省
简称“陕”或“秦”

以地处陕原以西得名。在今河南三门峡陕州区西南，有一个叫作陕原（陕陌）的地方。周朝初年，周公与召公以此划分领地，分陕而治，“自陕而东者，周公主之；自陕而西者，召公主之”。宋朝时设陕西为路（相当于今省制），以其地处陕原之西，而称陕西路，“陕西之名始此”。元中统三年（1262年）设陕西四川行省；世祖至元二十三年（1286年）为陕西行省。明洪武九年（1376年）为陕西布政使司。清朝时为陕西省。因其春秋战国时属秦国，故简称“秦”。楚汉时，项羽把原秦国关中和陕北之地分封给秦朝的三名降将，又称“三秦”。

全省陆地面积20.56万平方千米，东邻山西、河南，西连宁夏、甘肃，南抵四川、重庆、湖北，北接内蒙古。省会为西安市，以元代安西路得名，寓“安定西部地区”之意，后改为安西路、奉元路。明代改奉元路为西安府，“西安”之名由此而来。古名长安，包括周、西汉、隋、唐等在内的多个繁荣朝代都曾在此建都。

甘肃省

简称“甘”或“陇”

以古甘州（今张掖）、肃州（今酒泉）两地首字得名。西夏时将唐代的甘、肃两州首字合并，设甘肃军司，从此正式称为甘肃。元中统二年（1261年）设中兴行省；世祖至元十八年（1281年）为甘肃行省。明朝时，属陕西布政使司。清朝时，设甘肃布政使司。因古为甘州，简称“甘”。又因省境大部分在陇山（六盘山）以西，而唐代曾在此设置过陇右道，又简称“陇”。秦初设三十六郡，陇西郡即为其中之一，一度曾包括今甘肃省南部及东南兰州、定西、陇南等广阔区域。古人以西为右，后又有陇右之称。三国时期，曹魏所辖的陇右五镇即在此区域范围内。

全省陆地面积 42.59 万平方千米，毗邻陕西、四川、青海、新疆、内蒙古、宁夏，并与蒙古国接壤。省会为兰州市，以境内的皋兰山得名。隋文帝开皇三年（583 年），因城南有皋兰山，改金城郡为兰州，置兰州总管府，兰州自此得名。兰州也是黄河流经的第一个省会城市。

青海省
简称“青”

以境内青海湖得名，故简称“青”。青海湖古称“西海”“鲜水”或“鲜海”。蒙古语称“库库诺尔”，藏语称“错温布”，意为“青色的海”“蓝色的海洋”。由于青海湖一带早先属于卑禾羌的牧地，所以又叫“卑禾羌海”，汉代也有人称它为“仙海”，从北魏起才更名为“青海”。清雍正年间设青海办事大臣，民国初设青海办事长官，后属甘边宁海镇守使，1928 年设青海省，省名至今未变。

全省陆地面积 72.23 万平方千米，与甘肃、新疆、西藏、四川接壤。其境内不仅有中国最大的内陆咸水湖——青海湖，同时长江、黄河、澜沧江的源头“三江源”也在其境内。省会为西宁市，以古西宁州得名。“西宁”一词，始于北宋徽宗崇宁三年（1104 年）。北宋初年，吐蕃在青海的地方政权厮啰形成，建都青唐城（今西宁），1104 年秋，宋军攻入青唐城，以青唐城为州治设西宁州，取“西部安宁”

之意，隶属于陇西都护府，“西宁”之名一直沿用到今天。

宁夏回族自治区

简称“宁”

以元代宁夏路得名。十六国时匈奴贵族赫连勃勃自称“夏后氏之苗裔”，在此建大夏国。北宋时党项首领李元昊在此建西夏国，故称为“夏”地。元朝时取“夏地安宁”之意设宁夏路，始有宁夏之名。明朝设宁夏卫，清代设宁夏府。1929年成立宁夏省。新中国成立后，1954年宁夏省撤销并入甘肃。1958年10月25日成立宁夏回族自治区，取首字简称“宁”。

全区面积6.64万平方千米，与甘肃、内蒙古、陕西接壤。首府为银川市，以地处黄河岸边，且土壤多呈白色，故名“银川”，寓“银色河川”之意。银川是中原民族开发较早的区域，黄河南北贯穿而过，银川平原引用黄河水自流灌溉已有2000多年的历史，秦渠、唐徕渠、汉延渠等古时的引黄干渠，造就了当地的农业富庶，有“塞上江南”的美称。该地历史上为西夏王朝首都兴庆府，从现有文字记录来看，明朝以前是没有“银川”这一地区名称的。银川市市名正式设立于1945年，1958年设为宁夏回族自治区首府。

新疆维吾尔自治区

简称“新”

以“故土新归”之意得名。新疆古称西域，自古以来就是祖国不可分割的一部分。公元前138年，汉武帝派张骞出使西域，西汉政权与西域各城邦建立了联系。公元前60年，西汉政权在乌垒（今轮台县境内）设立西域都护府，自此西域正式列入汉朝版图。1884年，清政府正式在新疆设省，并取“故土新归”之意，改称西域为“新疆”。1955年设新疆维吾尔自治区，取首字简称“新”。

全区面积166.49万平方千米，与西藏、青海、甘肃相邻，周边与蒙古国、俄罗斯、哈萨克斯坦、吉尔吉斯斯坦、塔吉克斯坦、阿富汗、巴基斯坦、印度8个国家接壤。首府为乌鲁木齐市，一说“乌鲁木齐”在蒙古语里为“宽大牧地”或“捕鹿围场”之意；也有说在唐宋时期，“乌鲁木齐”一名便已见于古和阗塞语文书中，意为“柳树林”，“乌鲁木齐”便以古时境内有繁茂的柳树林得名。

香港特别行政区

简称“港”

以古时境内产沉香并为转运香料的集散港口，故名“香港”。又说以地处香江入海口的港湾而得名。该地秦朝时属南海郡番禺县，两汉三国西晋时为博罗县地。唐至德二年（757年）至元朝时为东莞县地。清朝初称“香港”。1842年，香港岛被割让给英国。1997年7月1日，中国对香港恢复行使主权，设香港特别行政区。

香港陆地面积1110.18平方千米，分为18个行政分区，毗邻广东。

澳门特别行政区

简称“澳”

以境内有天然良港（澳），南北有山对峙如门，故名“澳门”，别名“濠镜”“香山澳”。该地春秋战国时为百粤地。秦汉时为番禺县地。自古延续县治至嘉靖三十二年（1553年），葡萄牙侵入澳门。1999年12月20日，中国对澳门恢复行使主权，设澳门特别行政区，下辖澳门市政区、海岛市政厅。

澳门陆地面积32.9平方千米，包括澳门半岛、氹仔岛和路环岛，毗邻广东。

台湾省

简称“台”

以当地居民称其地为“台员”“大员”“台窝湾”转音而来。台湾自古就是中国领土不可分割的一部分。该地秦汉时称“澶洲”“夷洲”。唐朝、北宋时，大批大陆沿海居民迁入境内。南宋时为晋江县地。元顺帝至元元年（1335年）称“琉球”，设澎湖巡检司。明朝时称“台湾”，设澎湖游击、春秋汛守。康熙二十二年（1683年）设台湾府；光绪十三年（1887年）设台湾省。1895年，台湾被日本侵占。1945年，台湾重归中国。

省会为台北市，以清代的台北府得名，台北府则以地处台湾岛北部而得名。